# 城市
# 设计
# 的
# 本质

# 城市设计的本质
## ——基于纽约在韧性发展上的视角

## THE NATURE OF URBAN DESIGN
## A New York Perspective on Resilience

[美] 亚历山德罗斯·沃什伯恩　　著

何凌华　陈振羽　杨凌艺
王　煌　刘禹汐　钟楚雄　等译

中国建筑工业出版社

# 目　录

# 序　言

写这本书出于我在工作上的一些体会：我得让那些有能力的人们去做一些事情，尽管这些事情他们本不想去做。当我成为纽约市城市规划局的首席城市设计师时，我便带着一种信念：好的设计可以改变许多事情。但我发现我太天真了，其实没有人关注我那些概念性的设计主张，他们想要的是平地起高楼。

那些开发商、权威的律师，还有那些知名建筑设计师都企图让纽约的开发建设按他们所想的那样发展。当全面了解城市各类利益相关方后，我发现不仅仅是那些富人、权贵或者名人在寻求改变城市。事实上，社区领袖、房主、小微企业老板，他们对于自己想要什么、不想要什么也有着自己的想法。普罗大众都对这个城市的未来抱有巨大的兴趣。这些都是促进城市发展的力量，但很可惜，这些力量还未形成共识。

为了推动工作，我必须基于一种共同的利益来和大家商讨设计，那么我需要的就不仅仅是设计草图。我需要一个政治的、经济的、设计的框架，以一个共同的利益将全部分散的行动力整合进来。纽约市长在2007年发布《纽约规划》，当时他的宣言为我提供了这份框架的基础——即让城市可持续的发展。城市设计可以让城市更可持续的发展，我将这一概念作为所有工作的前提。在洛克菲勒基金的赞助下，我阐述了我们将如何发挥城市设计的本质来改变城市，将这个想法从表格变成具体的文字。我开始晚上编写计划，将我认为对的事情组织起来，然后在白天将他们变成切实有效的方案。我需要去劝服人们，让他们理解《纽约规划》中的共同利益能够让每位市民实现追求——那些他们想要建设的东西，能够对社区产生更多的好处、让开发商获取更多的利益、让这个城市更有韧性。但是到底什么是城市设计的目标、过程以及成果呢？城市设计是如何在满足自己目标的同时把纽约变得更美好呢？

　　在莫伊尼汉导师带给我启发之前，我也无法真正认识或者解释城市设计的本质和复杂性。我的导师，丹尼尔·帕特里克·莫伊尼汉，他花了一生的时间去提升城市，他尝试将政治、经济和设计组织进他整个职业生涯中。他是国会山上唯一一位认为值得聘请建筑师的参议员。我在20世纪90年代就作为公共工程顾问为他服务。

　　希拉里·罗德姆·克林顿被委认接替他的工作后，他就从美国参议院退休了，没多久便去世了。他一直想回到他纽约上城的故乡，在那里的老校舍中，在妻子丽兹和孙辈的陪伴下安心写作。但这一切无法实现了。

**参议员丹尼尔·帕特里克·莫伊尼汉**
（来源：来自莫菲·奥尔德里奇的收藏）

　　　　城市设计的本质——基于纽约在韧性发展上的视角

2003年，我到雪城大学的马克斯维尔公民与公共事务学院参加他的追悼会，这里是他的母校。

来参加追悼会的也包括其他将他视作导师的人以及他曾经在世界各地的同事们，有国会的议员、内阁部长、驻外大使、法官、作家、教授甚至电影明星。莫伊尼汉是一块强有力的磁铁，吸引着各个领域才智非凡的人们。政治学家迈克尔·巴罗内称他为"自林肯以来美国政治家中最优秀的思想家，也是自杰斐逊以来思想家中最优秀的政治家"。而最吸引我的是他在城市建设上的成就。他把华盛顿特区的宾夕法尼亚大道从贫民窟变成了美国的主要街道，他奋力扭转高速公路对美国市中心的影响，并使许多地标建筑免遭破坏，包括路易斯·沙利文在布法罗设计的第一座摩天大楼和纽约市的中央车站。

我在他政治生涯的晚期才遇到他。1993年，我还是一名年轻的建筑师，但建筑设计似乎无法改善这座我从小长大的城市的状况，这令我感到沮丧。这座城市正陷入一种无政府的糟糕状态。不管我公司的建筑设计赢得了多少建筑奖项，这个城市还是越来越糟。我想也许政府能帮上忙，有人告诉我，政府里有一个很有权势的人关心城市建设，那个人就是丹尼尔·帕特里克·莫伊尼汉。

于是，我争取到了一份无薪实习，在办公室写政府文件。显然他喜欢我的文字，有一天他问："这个叫沃什伯恩的家伙是谁？"他的事务官告诉他，我是在后面工作的建筑师。"建筑师？把他带进来！"

他见了我，很欣赏我，还雇我做他的公共工程顾问。我经历了所能想象到的最不可思议的设计研讨会。莫伊尼汉确实喜欢建筑这个主题，当其他工作人员排队等候提交关于医疗保健的议题时，我总会接到电话，请我与参议员共进午餐顺便讨论我的议题。

我很快就意识到他感兴趣的并不是建筑本身，而是将建筑作为一种设计城市的工具。实际上，说得更明白一点，他感兴趣的是将建筑作为一种构建公民意识的工具。他与建筑的关系是很个人的。从他无可挑剔的衣着和庄园里你不会猜到，他是在纽约市地狱厨房街区（Hell's Kitchen）的一个破败房子里长大的，家境十分贫困。他父亲走后，他母亲照看酒吧，所以他的教育也并不是这个家庭的优先项。事实上，他的教育经历来自纽约的街头生活。他从街上学到的并不是要如何成为一个社区居民而是如何成为一名公民。当他十几岁的时候，他那干干瘦瘦的身体、机智的脑子和一口爱尔兰腔让他经常被邻居小孩欺负。

他告诉我，他是怎样在纽约公共图书馆的台阶上，在那两个经典石狮的注视下给别人擦鞋的。他说，这就是他学习如何生活的地方。通过与擦鞋顾客交谈，他学到了一些东西。即使他很穷，他所服务的人物却可能是个百万富翁。公共空间中人人平等，他的才智在这里受到尊重。虽然他住在母亲工作酒吧楼上的一间小公寓里，但他年少时所获得的体验却发生在大都市辉煌的公共空间中。这些公共空间教会了他尊重和被尊重，让他进入了一个比家更广阔的世界。

他初次进入政界是作为哈里曼州长的助手，然后是肯尼迪总统的助手。他告诉我会议和权力斡旋推动了事务的发展。当纽约市的建筑大师罗伯特·摩西不苟言笑地与州长会面时，他也在同一个房间里。摩西会给他一个清单，上面有所有他想要推进的项目，然后便直接离开，没有任何讨论和交流。这就是20世纪50年代纽约规划，结果都是终极权力的斡旋。

我认为自己非常幸运，能够亲耳听到这些城市建设中的战略、策略和缺陷。

当我在政府办公室任职一年之际，议员带来了一个对他来说很重要的项目。他想要重建宾夕法尼亚车站。宾夕法尼亚车站被认为是美国最伟大的火车站，是纽约城中最精美的公共建筑。它位于地狱厨房街区附近，而莫伊尼汉的整个童年就是在那里度过的，他记得那里的高墙和罗马柱下川流不息的人群。它于1963年被拆除，被转移到新泽西的荒芜之地，为的就是将这块地的空间利益转给体育馆和办公楼。那个社区再也没能恢复生机，而莫伊尼汉希望能让它重回正轨。

莫伊尼汉坚持让我成立一个公司，来处理与此相关的一些提案和基金的商务事宜。这是一个非常艰巨的任务。他认为我应该搬去纽约，创立这个公司并且干好它。在我为他工作的最后一天我们一起吃了午饭。在离开的时候，他说"亚历克斯，去实现它。"

带着这样的渴求，我将自己投入这个艰巨的任务。为了完成这个任务，我的脑袋里需要同时装着政治、金钱以及设计方案，我在一些方面获得了成功，但也在另一些方面体会了失败的教训。但是，是的，我实现它了！

可是我的导师临终也未能亲自了解这一切，他无法见证曾经为之奋斗的那些进步发展了。当我走过马克斯维尔学院的外墙，一切是那样令人难过。我想起来了那些他在我身边的日子，那些谆谆教诲和努力奋斗。他在有生之年无法看到宾夕法尼亚火车站的恢复。我认为我自己有罪，就不能工作得再快一点？就不能放弃一些坚持？

我听到了祷告的声音，追悼会马上就要开始了。我从沮丧中抽离出来，然后看到了墙上刻的文字，这里也是莫伊尼汉每天都会经过的地方。这是古雅典人的成人礼誓言，要求他们遵守法律，敬畏神明，在离开一座城市时要将它变得比来时更好。

我现在明白了，为什么当年我们共进午餐时，如果我的话很有意义，他会夸赞我"你说话像一个雅典人"。

然后我意识到了这些年我跟着莫伊尼汉，收获的其实并不关乎于建筑，而是关于公民意识的真知。公民意识是做一些不会对自己有益却会对后世有益的事情。莫伊尼汉花了那么多时间和精力向我传递一套价值观，后来我才发现，我承担着向他人传递这套价值观的责任。当他说"去实现它"时，他指的并不是火车站，他指的是向下一代传递一种公民意识的价值观。他告诉我，在离开一座城市时要将它变得比来时更好，并且告诉下一代的城市设计师们他们的责任和机会。

2013年4月5日

# 致　谢

我不知道写书原来比盖房子还要难。写作后我感受到了前所未有的释然，我想对所有帮助过我的人说一声谢谢。和写一本书一样，忍受这个作者其实同样困难。我要对所有在这个过程中容忍我、包容我的人说一声谢谢你们。

第一份感谢要送给帮助和包容我的洛克菲勒基金会。没有他们的资助和无限的耐心（这本书历时5年），这本书中的想法还会停留在我笔记本中的潦草笔记和示意图上。朱迪斯·罗丁、达伦·沃克尔（现在在福特基金会）、琼·白川（现在在国家艺术基金会）、艾迪·托雷斯和多恩·洛赛克，谢谢你们。我希望这本书达到了你们在思想和实践上一贯的品质标准，并实现了你们在现实世界中的博爱要求。

接下来，我想感谢纽约市城市规划局，他们对城市的深刻洞悉、深切关怀、团结协作和无畏探索，帮助我下定决心完成这本书。首先，我无与伦比的城市设计部门的密友们，杰夫·舒马克、斯凯·杜坎、赛迪斯·帕夫洛夫斯基和埃里克·格雷戈里，他们不仅能力卓越而且充满怜悯心。我认为，城市设计不像那些在技术上有过高要求的艺术，城市设计需要更多的同理心。如果城市设计师不是善良的人的话，那一定做不好这项工作。而杰夫、斯凯、赛迪斯和埃里克是非常优秀的人。为了塑造纽约市，与他们共处的时光是我不能更为骄傲的岁月了。

城市设计部门作为纽约市城市规划局的"设计之眼"，那里有我300位优秀的同事，他们让我学到了如何谋划这座城市的未来。这个部门的探索精神是这座城市发展的无价支撑，我衷心感谢每一位规划局的工作者。尽管书本的篇幅有限，我还是想特别感谢纽约市警察局，以及我们的首席顾问大卫·卡尔诺夫斯基，我们的执行理事理查德·巴斯，还有我其他优秀的同事们：塞西莉亚·库什纳、埃里克·科博、桑迪·霍尼克、帕特里克·图、弗兰克·路查拉、萨拉·戈尔德温、贾斯汀·摩尔、朱莉·鲁宾、巴里·迪纳斯坦、爱琳·萨德克、简·戴维斯、布鲁尼·梅萨，以及汤姆·瓦格、贝斯·利伯曼、克里斯·霍尔姆、克劳蒂亚·赫拉斯梅等，很抱歉在此只能点出一部分同事的名字；还有区划部门的博学者们、我的各位邻居们、城市设计领域的挚友们。同时还要感谢行政区的几位主任：艾克斯·徐·陈、帕尼玛尔·卡波、卡罗尔·萨莫尔、勒恩·加西亚、约翰·杨。我还要感谢那些多年来甘于奉献的夏季志愿者们，他们来自全球各地，与我们在城市设计部门携手绘制方案。除了南极洲以外，其他各大洲的志愿者都参与其中。这些年轻人前来向我们学习，可最终还是我们从他们那学到更多。他们带来了全球各地的城市设计思想，让纽约市成为一座更为丰富的城市。

当然，最大的感谢还是要给予阿曼达·伯顿，纽约市规划委员会主席和规划局局长。她将城市设计重新设置为一个独立的核心部门。她始终倡导公共空间的高质量发展，她对城市设计的价值信念成为塑造城市的重要力量。谢谢你，阿曼达！

我还想感谢很多布伦伯格市政府非规划部门的公务人员。那些没有长期在政府部门工作的人是无法理解我们所经历的特殊十年。很少有政府能够让城市发生如此多的变化，而能够让各部门的员工每天并肩协作的政府更为少见，甚至是像朋友一般共同工作。首先，需要感谢市长，麦克市长始终坚持公共领域的高质量，并容忍一个不修边幅、不打领带的人作为你的城市设计师。我要感谢副市长丹·大克罗夫、帕蒂·哈里斯、罗伯特·斯蒂尔、凯文·施基；交通局局长詹妮特·塞迪柯·卡恩（她真是太棒了）；公园局的阿德里安·贝奈特；住房保护和发展局的肖恩·多诺万（现在是肖恩部长）和马特·万布尔；建设局的鲍勃·李曼德利；住房发展集团的马克·雅儿和卡斯·霍洛维（现在的副市长）；以及环境保护局的各位委员。我想特别感谢罗西特·阿格瓦拉，他创立了长期规划和可持续办公室，我们和他的员工们为建设一个可持续的城市而紧密合作。当然，每个部门都有一些明星，如詹姆斯·克尔贾特、亚当·弗里德、玛格丽特·纽曼、安迪·维利·施瓦兹和温迪·福尔。我们在烈日下团结协作。

这本书献给莫伊尼汉参议员，在序言里你们已经知道原因了。献给帕特里克·莫伊尼汉，也献给很多被他长期教导所触动的人，包括理查德·赛内特、凯文·施基、贾琦·伊顿和他不凡的妻子苏珊·亨肖·琼斯，还有很多需要挨个感谢的人。特别是帕特的妻子利兹·莫伊尼汉和女儿毛拉，她们的关爱和支持已经成为我的一种长期动力。正如帕特经常告诉我的："城市建设不仅是为了当下"。

我很幸运和纽约最有想法、最能实干的城市设计师一起并肩而战，他们的成功和灵感是这本书成功出版的一个重要基础。首先，感谢我在高线公园工作的朋友，约书亚·大卫、罗伯特·哈蒙德和彼得·穆兰。感谢约翰·阿尔舒勒、杰罗德·凯登，他们对公共空间价值的理解超过任何人。感谢当代艺术博物馆的巴里·波尔道尔和城市设计学院的安妮·基尼。伯克利的尼克斯·萨林加洛斯教授教会我正确分析城市设计几何学，感谢他给予的友谊和谦虚精神。

我特别想感谢那些将自己的城市规划作品交给我评价的设计师和朋友们，我真诚希望维持这份友谊。在那些合作的日子里，我从你们那学到的东西必定远远超过你们从我这学到的。还要感谢比亚克·英格斯、克里斯蒂安·丹波次帕克、格雷格·帕斯科雷利、利兹·蒂勒、里克·斯科菲迪奥、詹姆斯·科耐尔、恩里克·诺顿、史蒂文·霍尔、森俊子、杰米·卡彭特、李·韦恩特拉布、克莱尔·维兹、迈克尔·范·瓦尔肯伯格、马特·厄本斯基、吉恩·科恩、吉尔·勒纳尔、比尔·彼得森、保罗·卡兹、大卫·查尔斯、拉斐尔·佩里、鲍勃·福克斯、里克·库克、玛丽安·维斯、迈克尔·曼弗雷迪、琳达·波拉克、桑德罗·马比雷洛、斯坦·艾克斯图特、里克·帕里斯，当然，还有美国景观建筑师协会的安·鲁帕和美国建筑师协会的里克·贝尔。这还不是一份完整清单，我衷心感谢所有人。

当我从纽约同事那学到知识的同时，我也从全球的同行那学到新的观点。我对世界各地的设计师朋友们万分感激，无论我们是在工作室举行会议，在高线公园并肩漫步，还是在你们的国家参观项目。你们让我重新了解纽约，认识全球各地的各类城市。感谢新加坡的吴朗、叶磊碧、吴丽荷、方秀梁和吴作栋；中国香港的林珂、苏加达·戈瓦德；德国的约尔根·布伦斯·贝伦托尔格；中国深圳的许勤市长和王鹏；巴西的里卡多·佩雷拉·莱特、米格尔·布卡勒姆、伊丽莎白·弗兰卡和玛丽亚·特雷萨·丹尼斯；澳大利亚的拉里·帕尔森、索菲亚·帕蒂特萨斯、罗伯·亚当斯和马克思·威斯特布利；新西兰的卡利亚·科宾；布拉格的托马斯·胡德塞克和马丁·巴里；还有我亲爱的荷兰朋友们，包括亨克·欧文克、乔治·布鲁格曼斯和路德·路特林斯佩尔格。城市设计的世界永远在成长进步。

我想真诚感谢一位城市设计思想领袖，伦敦政治经济学院和纽约大学的里基·伯德特教授，城市时代项目的创立者。里基和他的主管同事们对城市有独到的见解，他的支持和友情尤为重要。

我想特别感谢埃里克·桑德森，这位在曼哈顿探索人类生活环境的好友打开了我对城市可持续发展潜力的认识。他并不仅仅把生物学当作一门科学，他了解人性，和他工作让我懂得亲切的力量。谢谢你，埃里克！

我想感谢维沙恩·查卡巴提，他支持我现在的角色和工作，并且工作起来充满幽默和才华。我吃惊地发现沃什伯恩家族和查卡巴提家族是远方表亲，这个关系来自20世纪一个希腊偏远山村的婚姻。如果这都不算全球化案例，我不知道什么是了。

为制作这本书，我想感谢我的第一个编辑团队，苏珊·斯纳希、马丁·彼得森和迪亚纳·墨菲。他们的善良和设计激情启动了这本书的制作。我想感谢丽萨·张伯伦，她不仅仅作为家人帮助我，更是初稿的编辑，她敏锐的思维和精细的文笔推动了这本书的完成。我还要感谢伊萨贝尔·赫伯尔德和麦克·科尔埃德萨科，他们在外观包装和书籍编辑上帮助了我。大卫·巴拉格登、亚历克斯·马夏尔、卡罗洛·斯泰因曼和杰夫·斯派克也为读者提供了绝妙的意见和看法。

但是写作最困难的任务是完成它，我深深感激希瑟·博伊尔和我在岛屿出版社的团队，他们帮助我实现了这个目标，并且运用比我自己一个人干更加优异的方式。谢谢你，希瑟。还有瑞贝卡·布莱特、沙利斯·西蒙尼安、杰米·詹宁斯、科尼·利克斯、毛琳·加特利、大卫·米勒和查克·萨韦特。希瑟是一个多产且专注的编辑，因为她非常关心城市，了解韧性城市。这本书在她的带领下日渐成熟，她读了一遍又一遍，提出了很多宝贵建议。她以智慧谋略和坚定的信心指导着编辑工作，正是她最终亲自编辑完成了这本书。同时，我对这本书的平面设计师们充满感激，费恩和罗伯托·德维克德库普蒂奇懂得城市灵魂，使每一次审阅都充满惊喜和乐趣。

最后，我想感谢我在W景观和建筑公司的搭档巴拉拉·威尔克斯。从她那里，我学到了理解城市自然，并实践其中。无论在生活还是工作上，她都是一位真诚的城市自然支持者。在宾夕法尼亚大学，她是伊恩·麦克哈格的最后一位学生以及詹姆斯·科耐尔的第一位学生，她一生都在竭力将自然和建筑相结合。她的设计和建设工作突显了自信美。

我还要感谢我的家人，他们帮助我、容忍我，从来不索取，总是牺牲自己。我的女儿索菲亚、阿西娜、蕾莉亚、西蒙妮，还有孩子的妈妈们莫妮卡和丽萨。我的父母亲蕾莉亚·卡纳瓦里奥迪和维尔康姆·瓦什伯恩，两位已逝的作家、教授，我希望他们为我骄傲。在本书的写作过程中，我深深打扰到了家人，对此，我非常抱歉，并感谢他们的理解。

感谢我的妻子，萨拉·玛兹亚德，为她的信任和深爱。

感谢大家！

飓风"桑迪"之后的洪水，布鲁克林红钩区
（来源：来自埃里克·格里高利）

# 导　言

市长上一次在我所在的布鲁克林区发布疏散命令是因为飓风"艾琳"（Irene）。那是2011年，我按照政府要求打包了东西，和家人一起待在曼哈顿的高地上等待暴风雨过去。这次的疏散命令来自飓风"桑迪"（Sandy）。但是这次，我没有离开。我知道这样留下有一点不负责任，特别是我还在为这个发布命令的市长工作。但是我是纽约的首席城市设计师，我想要观察暴风雨带来的影响，特别是风暴对街道以及对建筑物冲击的动态情况。我充分明白"桑迪"这样规模的飓风将给这个我所关心的城市带来的危险。

纽约所有滨海的社区都被要求撤离，包括法尔罗卡威以及华尔街。只要你属于A区（撤离区），你就应该离开。这个区域影响了超过35万的居民。我的社区是布鲁克林的红钩区（Red Hook），离曼哈顿下城大约1英里（约1.61公里），在那里东河流入纽约海港。人们曾经在红钩区制造船只，也可以说是船只创造了红钩区这个地方。大多数的社区建在19世纪时鹅卵石填充的道砟上。这里曾经被工厂和仓库所覆盖，而现在几乎所有的建筑都被艺术家和杂货铺老板所占据。当没有洪水的时候，这里是一个美丽的社区，可以看到曼哈顿下城美丽的天际线以及自由女神像。

如果有巡逻警察阻止我查看室外洪水位的话，我打算给他看看我的身份证并向他解释我正在进行研究工作。城市灯火闪烁，风声呼啸，当我写到这里，我知道我应该离窗户远一点以防止玻璃被打碎。住在一楼的家伙很久之前就撤离了。但我住在二楼，我用这样的想法来安慰自己。就算洪水达到11英尺（约3.35米）高，我在二楼呢，对吧？现在是鸡尾酒时间，我正在按惯例喝着马提尼，没必要打乱我的节奏。最高海潮会在8点钟到来，非常不巧，这次海潮刚好赶上了飓风，更不巧的是赶上了满月。风暴潮被这额外的高引力潮汐放大了。

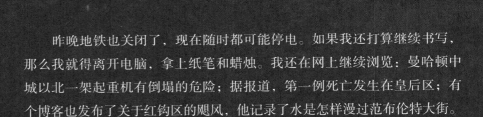

颶风"桑迪"后曼哈顿
下城停电
（来源：大卫·尚克伯恩）

　　昨晚地铁也关闭了，现在随时都可能停电。如果我还打算继续书写，那么我就得离开电脑，拿上纸笔和蜡烛。我还在网上继续浏览：曼哈顿中城以北一架起重机有倒塌的危险；据报道，第一例死亡发生在皇后区；有个博客也发布了关于红钩区的飓风，他记录了水是怎样漫过范布伦特大街。

　　我向外望去，看着排水沟里的水流，水正在溢出排水沟，从涓涓细流迅速变成一条小河。我穿上胶鞋走下台阶打开门，水涌了进来，黑色的水面覆盖着秋天金黄的落叶。我走出家门，意识到我不应该这么做，因为正有一股急流迅速地流入走廊，地下室一定会被淹没，那里配有电力设备。电灯闪了闪，我听到了电闸掉落的声音——短路了。紧接着，外面出现了一次闪爆，社区随之陷入黑暗。

　　现在周边全部陷入黑暗，不是黑，而是一种诡异的棕黑，不管有什么光线都会反射到水面上，而水面还在不断上升。我家的屋顶现在漏雨越来越严重了，我只能把桶放在漏雨处。阵雨本来对屋顶没什么影响，但当狂风裹挟着暴雨而至，水还是会横着流进来。

　　我爱纽约，我爱红钩区，但是我现在非常焦虑。外面积水涨势很快，水势汹涌。我上楼从屋顶向外望，冒着被吹下去的风险，风太大了，屋顶几乎上不去。外面非常黑以至于根本看不到后院发生了什么，但是我面前的那条街现在已经是条湍急的河流了。一个邻居的车还留在那里，我以此判断洪水现在有多高。轮子被吞没了，车门被吞没了，现在只剩个车顶了。暴风雨正在肆虐，所有人都可以感受到这种撕裂。

这座城市是他们的：纽约的孩子们
（来源：亚历山德罗斯·沃什伯恩）

最亮的灯光显示了地球上城市化程度最高的地区
（数据由美国航空航天局哥达德太空飞行中心的马克·英霍夫和美国国家海洋和大气管理局国家地球物理数据中心的克里斯托弗·埃尔维齐提供。图片由美国航空航天局哥达德太空飞行中心的克雷格·梅休和罗伯特·西蒙提供）

　　我正在纽约的中心，被建筑所包围着。但是现在这些建筑都被水分开了。我试图联想威尼斯，但是那感觉并不一样。这个场景让我觉得这些建筑就像山川河流中的巨石，只能用皮划艇才能在这样的水域航行。

　　我必须相信浪潮将会过去，我用电脑中仅剩的电量查阅网上的资讯、暴风雨经过的路径以及潮汐的时间。我想我们这里的浪潮应该已经达到了高点，我的房子挺过去了。

　　明天和接下来的日子将是恢复，潮湿且寒冷的恢复。停电还将持续一段时间。城市的绝大部分功能还将停滞。

　　我去睡觉了，脑子里只知道一件事，明天我的邻居们会出来一起聊天，相互扶持。每一个对话都将成为重建这个伟大社区的一块小小的基石。我们这里还有这么多的家庭，这么多的孩子，那些在曼哈顿找不到容身之处的创客们在这里找到了自己的家。

我们的社区是不是足够强大来抵抗如此大的外力？这次的风暴差不多横跨了1000英里（1609.344公里）。也许我们太过依赖市民的韧性而是不是城市的韧性。我能够感受到纽约城市精神带给社区的力量是强大的，但是我也同样感受到这个城市的物质空间是脆弱的，至少在面对暴风雨时是脆弱的。我们忽略了这些危险对城市造成的影响，让城市的脆弱暴露给这些巨大的力量。我们告诉自己这是百年一遇的暴雨，但这一年却来了两次。也许对于20世纪来说，他们确实是百年一遇的，但是在这个世纪，我想他们会来得频繁得多。

我躺在床上想到如果我们在乎我们的城市，我们必须做点什么。我们必须改变现在的困境。我希望我的城市是安全的。

## 我们为什么关心城市？

我关心我的城市是因为我关心我的社区，我关心我的社区是因为我关心我的家庭。这是一个自然的过程，这是随着孩子的年龄和才智的增长，我在他们身上看到的东西。他们走出家门去上学，第一个迎接他们的是社区。但是当他们学着乘坐地铁，征服这座城市，他们就成了纽约人。

我敢说同样的事情也发生在巴黎人和圣保罗人身上，世界上大多数的市民都会对城市产生这样的感情，我们关心我们的城市。

除了情感，还有经济、社会和文化方面的原因，令我们关心我们的城市。从历史上城市人口占比第一次超过50%后，这个比例不断上升。城市为这个世界提供了工作、家园、创意。城市生产了这个世界上80%的财富。城市是文化的熔炉，一个城市的进步以闪电般的速度传播到另一个城市。当城市进步了，这个世界也就进步了。

一项来自麦肯锡的研究发现，全球的财富集中在世界上600个最大、发展最快的城市中，而这些城市正明显地向地球的南部和东部转移[1]。

有一些观点说城市发展得非常随意，还有些观点说城市经常被某个人所改变。这本书的目的就是更正这些观点。城市里的一切都是经过设计的，而且城市里的每一个人到最后都和城市有着利害关系。

这是城市设计的本质，我们按自己的想象创造城市，有意的或者无意的。我们生活在自己创造的城市里，为错误付出代价，也享受着修正错误所带来的喜悦。

发展既可能加剧恶化这些已经存在的问题，也可能提供一个机会去认识我们的错误，去适应新的条件，让生活在城市里变得更安全，更有价值。城市设计是改变城市的艺术，引导城市跟随新的发展模式，让城市在提升我们生活品质的同时更好地迎接挑战。

## 郊区也是城市

社会上一直充斥着一种讨论，那就是到底是生活在城市更好，还是生活在乡村更好。城市和乡村的鸿沟由来已久。城市老鼠和乡下老鼠的故事也广为流传。过了这么多年，我们仍然以对比这两种文化为乐，从伊索寓言到比弗利山庄。当然，在这些文化图景的背后是城市与乡村存在不同的确凿事实。在中国，一个城市居民的收入约是农村居民的三倍[2]。在印度，城市妇女的读写能力约是农村妇女的两倍[3]。从文化角度来说，我们将乡村生活的魅力放大描述，但是在现实世界中，美好生活的吸引力已经稳定指向城市。显然，从伊索寓言中乡村老鼠的惊愕来看，我们确实更喜欢城市。

美国是世界上城市化程度最高的大国。80%的美国市民居住在城市区域[4]。但是如果你问这些城市区域的美国人是不是住在城市里，过半的人会说不是。他们会说他们不喜欢住在城市里，他们住在郊区或者小镇里。然后他们会把那些乡村生活的优点列为他们的心头大爱。这里祥和安宁，房子之间的距离很大，我能理解当一个人搬来的时候说"我不需要邻居，我只想要住在乡野里"。确实是这样，当夏天枝繁叶茂，篱笆都被绿色占满的时候，他是看不到邻居的，他可以活在乡野的梦想世界里，甚至备好了步枪。

但是实际上，这个在郊区生活的人有他的邻居们，而且他还有电、气、卫生污水设施以及市政用水。光纤、线网、手机信号基站组成了他的通信"套餐"。同时，市政的雇员帮他收集垃圾、在他睡觉的时候保护他的居所，虽然他的步枪就在他的床下面。他每天开车去市中心上班，虽然他与大都市刻意保持着距离，但他仍然乐意去那里吃饭和消费。也许这其中最伤自尊的就是美国人口统计局并不认为他想要住的那种郊区不是城市，仍然将他所住的郊区社区统计为城市的一部分，成为城市统计数据的组成部分。

重点是，郊区其实也是城市。从经济、社会、基础设施等方面来看，郊区只是一个低密度城市。尽管我可能有点嘲弄喜欢郊区的人（就像他们嘲弄市中心公寓里喝拿铁的都市青年一样），但郊区对很多人来说仍是一种受欢迎的城市形态。

郊区和城市的对立取代了在美国形成的农村与城市之争。回到托马斯·杰斐逊与亚历山大·汉密尔顿的观点，即一个由约曼农民组成的国家和一个由城市银行家组成的国家，在当今的美国，城市与郊区相当于在19世纪城市和乡村之间的关系，这是关乎于情感、道德和政治的问题。因此，在当今的美国，郊区与城市之间已经呈现出美国建国初期乡村与城市之间的政治和道德色彩。

政客夸大了他们的区别，且误导了决策。一位新泽西州长，从连接新泽西郊区与曼哈顿中城的隧道项目中拿出资金，来实现他的郊区选民和道路修建者们的利益，以获得政治资本。这个行动获得了郊区投票者的共鸣，即使从长远来看，缺少隧道将会严重地破坏大都市的经济。政治是非常讲究地缘的，成功的政客了解如何运用其中的不同。当你从华丽的语言中走出来，坚持同一个标准，你会发现郊区也是城市。

## 城市很脆弱

也许需要经历一场灾难才能突破政治关系，这提醒我们，所有人都是一体的。袭击纽约的飓风和袭击新泽西郊区的飓风是同一个飓风。而且现在新泽西和纽约的政府官员正在讨论如何团结在一起来抵御风险。

最终，飓风所带来的结果是，我们承认了城市（这个定义包括了郊区）是脆弱的，而这种脆弱可以使我们团结。类似的结果贯穿整个历史，而且是自然而然发生的。因为，城市是财富的所在地，城市被入侵时总是脆弱的。因为城市是人们聚集的地方，在疾病快速的传播下也总是很脆弱。在过去，我们总是通过采取全城范围的防护措施来抵抗这种脆弱，比如在5世纪时君士坦丁堡建造城墙来抵御入侵者，又或是纽约在19世纪通过颁布卫生和建筑法规来抵抗疾病。

现在我们正经历着一场城市韧性的危机。海平面在上涨，暴风雨来得越来越频繁。百年一遇的洪水现在看起来变成了年度事件。城市，特别是滨海城市能够幸存下来吗？我望向窗外，看到纽约的街区依然一片黑暗，这已经是暴雨袭击后的第三天了。《纽约时报》报道说恢复供电也许还需要十天。韦拉扎诺大桥上的灯光只有一半还亮着，仿佛在嘲讽我们这里的残破。

## 城市设计的角色

如果城市所需要做的是适应气候的变化和减弱对气候变化的影响，我们为什么要讨论城市设计？城市的未来需要回答这个问题："有没有一种城市形态可以在极端气候中存活下来，有没有一种城市形态可以让数以千万的市民维持他们的尊严和繁荣，有没有一种城市形态可以避免产生更多的气候变化，而且仍然值得居住在其中？"所以我们的责任就是建立一种信仰，那就是我们可以通过把城市变得更有活力而使得这个世界更加可持续。也许这就是一种乌托邦，但是我们与其等待，不如立刻实施并验证我们的理想主义。

作为一个城市设计师，一定要让城市在面对挑战时变得更有韧性，并提高市民生活质量，这个挑战包括一般的挑战（比如财政预算的约束），以及不太常见的挑战（比如极端天气事件）。即使是那种可以抵抗风浪而不增加任何碳排放的高科技工程，如果它没有和人民发生联系，那它就不算是一个城市设计。我相信要想提升城市生活的品质，你需要从提升公共空间的质量开始。

了解我们能在城市形态上做些什么，以及城市形态和气候变化的关系，了解城市设计拥有通过改变城市的形态来迎接气候挑战的巨大能力后，那些关心城市的人们便开始了他们的设想：只要我们能够合理地表达诉求，未来城市就可以满足我们的需求。城市设计的目的是改变困境，让城市变得更好。

城市设计师们并不设计城市，他们设计的是那些改变城市的工具。这些工具也就是城市设计的成果。这些工具将改变社区的规则、规划和实施项目。只有当它们具有变革作用，才算得上是真正的城市设计。

城市设计处于政治、金融和设计的交叉点上。你可以是世界上最好的设计师，但如果你不能在政治和金融的压力下进行设计，你就不是一个城市设计师。

事实上，如果没有政治、金融和设计的配合，城市中任何重要的东西都不会改变。州际公路系统在1938年得到政府授权，并在1939年世博会上展览，但直到1956年才开工建设，因为那个时候融资机制以及汽油税等事务才真正落实到位[5]。在减缓气候变化方面，你可以拥有一个碳排放交易市场，你可以拥有一项可再生能源的设计技术，但如果你没有政治授权，你仍然无法改变现状。

## 谁应该读这本书呢？

本书是写给那些看到我们的城市需要变革的人们，包括那些想成为城市设计师的人，特别是那些在政治、经济和设计方面的学生和实践者们，他们参与决定城市如何变革。这本书也是写给那些会被城市设计改变生活的人们的，我想要给他们一个可以参与到这种改变进程的路径。

很多人都能够模糊地意识到我们的城市需要改变，但是当他们在面对巨大的复杂性、政治的不透明性以及小型项目所需的高额成本时，他们就会有深深的无力感。这样就在那些改变城市和那些被改变的人群之间设置了一个障碍，所以当我们听说自己的社区正在开工建设，我们会问："他们在做什么？"

我希望人们读了这本书后能够意识到，只要掌握一点信息，并了解城市设计体系变化带来的好处，他们就能成为"我们"。那么问题就变成了我们想要改变什么？普通市民可以通过成为参与者——愿意在城市设计过程中承担政治、财务或设计角色的利益相关方——从而在一定程度上影响他们的城市。在没有自下而上的社区公众参与的地方，我们可以以身作则，提出诉求。在缺乏自上而下的行政层面的领导时，我们可以身先士卒，承担责任。城市属于我们。

城市能否变成一个公平、富有或者美丽的地方，是与居住于其中的人民在这场变革中的参与程度直接相关的。但是当一个城市有2000万人口时，参与意味着什么？当贫穷的社区和富裕的社区被墙隔开时，参与又意味着什么？

如果城市设计是一个如此有力量的变革工具，为什么一些居民在奢侈的泳池中游泳时，隔壁社区中的另一些居民家里还没有厕所？我只能回答城市永远在向前，而城市设计师需要通过增加城市设计进程中的透明度来重塑城市从而消除这些隔离。本书为城市设计过程提供了一个路线图，让大家认识到：参与才是最重要的，它能撬动并发挥出这个体系最大的能量。

纽约城市设计周期间,
年轻的城市设计师在佩
利公园尝试手绘
(鸣谢:科林·加德纳)

虽然本书深入研究了很多本土的、特殊的案例,特别是纽约的案例,但这本书是面向全球的。城市设计有一些特点,它喜欢图示多过语言,这使它更有利于沟通,不管你的母语是什么。我是在和我的学生以及实习生们交流时意识到这一点的。他们从世界各地来到纽约,有时候口语的交流并不那么容易,但是当大家开始用绘图设计语言的时候,语言的差异就被消融了。城市设计变成了一种全球通用语言,而且我非常自豪又震惊地发现,当我们把项目挂出来,我们的交流精准、富有创造力并且活力四射,这就是交流应有的样子。

## 如何来使用这本书?

阅读这本书仅仅是个开始,它会引导你探索更重要的场景——那就是你所在的城市。要真正了解一个城市,阅读一个城市,你需要深入其中在城市中游走。所以带上这本书走起来吧,找到一个漂亮的公共空间开始阅读它。你可以在这本书上随意涂写来记录人们是如何使用这些公共空间的，记录那些重要的方面并关注细节。

这本书描述了城市设计的目的、过程和成果。它将城市设计的重点放入当代气候变化下快速城市化的背景中。这本书从一些宏大的想法中衍生出许多小的城市设计细节分支。一方面，你可以形成对改变城市的整体理解；另一方面，你可以在某个主题让你产生共鸣时继续钻研。用这本书参与到你城市的变革中去，通过了解城市设计的进程更好地参与城市变革，同时与其他想要改变城市的人交流来提高你的效率。如果你是一个学生，用这本书来学习，这个框架是关于城市设计本质的浓缩课程，而每一个论题应用在现实挑战时都可以拓展成更深层级的调查研究。每一个城市，每一个社区都是不同的。所以从这里学到的内容永远不能产生同样的结果，但他们会带来同样的效果：那就是变化。

使用这本书去理解你的城市，当你了解了这些城市都是如何改变的，以及是谁来改变他们的，你就会开始注意到城市设计在建设中的痕迹。你会开始了解最重要的事情就是人们如何使用公共空间，大家是怎样一起居住在城市中的。而且你将了解到，那些在很久以前做的决定是如何在城市建构中产生影响，影响到我们，甚至我们后代的生活。

本书以我个人的一段经历作为导言。这是一个城市设计师成长的故事，在成长中我发现了一个目标，将我们的城市变得比我们发现它时更好。这就引出了我们为什么要在乎城市：城市是伟大的，是一直在成长的，但是城市也是脆弱的。

第1章定义了城市和城市设计框架，提出了在气候变化下当代城市的发展挑战。我一直在思考城市是如何影响气候，而气候又是如何对城市产生影响的，并以纽约作为城市设计变革的一个案例。第2章更详尽地阐述了城市设计的过程以及城市是如何被改变的。第3章对城市设计的成果进行定义，并论述每种类型的城市设计是如何改变城市的。第4章将城市设计的过程和成果进行综合论述，剖析纽约高线公园这个当代城市设计项目是怎样一步步改变周围社区的。最后一章，在全球背景下展示这些所谓的城市设计工具，来证明如果我们想要让城市变得更加可持续、更有韧性，我们就需要让城市更宜居。我列举了一些国际案例和指标，对城市的改变进行引导，并以我自己的社区为例总结城市如何适应挑战。

这本书是给那些想要去提升生活品质的人的，这样的需求在城市中越发普遍。如果有足够多的人阅读了这本书，我希望他们会发现在他周围有许多持有同样观点的人。当一个观点达成共识后，职业、地位以及年龄的障碍都会消融。我相信，世界上一直有一种普适的可持续性理念，只是现在才慢慢被察觉，经历了极端的批评与促进，也经历了嘲笑和期望。现在和20世纪30年代的汽车文化并无大的不同，1939年世界博览会上一个无人驾驶展品吸引了人们的注意，十年后便开启了大规模的郊区化。我们仍旧处在可持续发展的初级阶段，我们的任务就是将这一理念融入已有的工作中，既是向我们自己证明我们有办法完成，也是向我们的孩子们证明我们有希望实现一种韧性的、公平的、富足的城市生活。

## 暴风雨过后

飓风袭击已经过去了九天。家中电力已经恢复，但直到昨晚我才意识到红钩区包括那些住房建设项目在内的很多地方，仍然没有电力，没有暖气，也没有水。昨晚，我从曼哈顿骑车出发，从布鲁克林炮台公园隧道口开始，穿过一条又一条黑暗的街区。我自己的社区和其他几个社区像是一个个奇怪的岛屿，亮着灯，而周围都是阴影。

那是一副满目疮痍的景象。街道上空无一人。每五个街区只有一盏临时用灯。场地里孤零零的一盏灯像监狱探照灯一样照着空荡荡的房子。

当我转过黑暗的拐角来到我所在的社区时，一个意想不到的场景出现了。一个移动的比萨炉，周围围满了人，我的邻居们，有说有笑。他们从位于街角的一家名叫迪法恩斯堡的餐馆借来了发电设备，餐馆在火灾中受损严重，现在还没修好。真正的温暖来自比萨炉金属桶里的炭火，以及服务志愿者的脸庞。

虽然我们的城市设计通常会去考虑建筑体量、土地利用以及那些永久性的东西，但今晚，最有用、最可爱的东西是这转瞬的温暖。这个比萨炉把暴风雨后原本黑暗荒凉的角落变成了热闹的社区聚会场所。一个小时后，聚会结束了。但在那个晚上，它让这条街成为社区的中心，它通过改善公共空间改善了市民们的生活。

第二天，我面临着一项艰巨的任务，那就是把我家首层彻底打扫干净，因为它完全被洪水破坏了。虽然我们及时撤离了，但这里却一片狼藉，成为被霉菌和虫子占领的地方。这种任务太难了，你只能认命，并希望永远不会再次发生。但门铃响了，一群志愿者带着靴子、手套和垃圾

飓风"桑迪"过后，志愿者为布鲁克林的红钩区带来比萨饼
（来源：亚历山德罗斯·沃什伯恩）

袋，并询问是否需要帮忙。

整整一天，志愿者们一波接一波地涌过来。有些是我的邻居，有些人来自城市的其他地方。一个人告诉我，他的良心让他不能留在自己那干燥和安全的布鲁克林高地公寓里，特别是考虑到其他社区需要帮助。另一个人告诉我，他是一个来自伦敦的演员，红钩区重新点燃了他对城市创意生活的热爱，所以他选择回来帮忙。他戴上口罩和手套，开始帮我工作。

红钩区通常是个安静的地方，但那天以及之后的许多天里，街道都挤满了参与清理的人。我站在红钩区的街道上，从来没有像现在这样对我们的公共空间感到如此自豪。

我们现在的责任是改变我们的城市，让它能够在下一次洪水发生的时候不会被灾难毁灭。我们也需要保持社区意识，这是我们真正的复原力。在改善公共生活质量的同时改变我们的城市，是城市设计的本质和使命。

"TOD模式"在看着你
（来源：亚历山德罗斯·沃什伯恩）

# 第1章

# 我们为什么应该关心城市？

城市是我们向往的地方。就像亚里士多德所说："当人们来到这里是为了生活得更好时，城市就会变得更好。"将我们的生活从单纯的"生存需求"提升到"生活得好"的境界，这其实就是城市的诱惑。这也解释了为什么在世界历史进程中，越来越多的人口被吸引到城市。如果按现在的趋势继续发展，超过三分之二的人口将会在21世纪末来到城市中。纵观全球城市，我们也许会抱怨一些城市生存困难、生活昂贵、过于拥挤，但即使这样，这些城市仍然具有强大的吸引力。除了城市生活的牵绊和挑战，想要感受城市生活的人们其实明白，约翰·厄普代克笔下的纽约人和圣保罗人、伊斯坦布尔人、上海人，这些城市的人没什么不同。"真正的纽约人"，或者说，真正的都市人，都在心底认为不生活在都市里一定是在开玩笑吧！

这就是具有奇妙引力的城市，城市就如我们想象般的具有神奇的力量。人们是如此想要住在城市里，以至于每个月大家向城市迁徙的规模都可以形成一个相当于巴黎大小的城市。但这是一个令人唏嘘的误导：好像所迁徙的城市都是一个可爱的城市，有咖啡馆、林荫大道、艺术博物馆和一个伟大的地铁系统。实际上快速城市化的现实与上述美好的想象无关。

每个月大约有400万人离开村庄来到一个城市的边缘。这些城乡的边界地区开始爆炸式生长，这里污水遍地。在那些快速生长的城市里，很多经济贫困的城市没有做过任何的规划。初来乍到的新市民常常在这个好像外星球一样的地方遭遇危险和不幸。对这些刚来到城市的新人来说，尽管常常要面对恶劣的生存条件，但如果他们正在寻找更好的生活，他们实际上已经下了正确的赌注。世界银行将经济强度（一定土地面上所发生商业活动的量）作为测试城市繁荣度的一种方法，研究发现了经济强度与城市密度具

城市是生活的好地方：
新加坡游泳池，位于城
市上空55层
（来源：亚历山德罗斯·沃
什伯恩）

有强相关性。城市的确是充满机会的地方。今天，世界上近30亿人口住在城市中。据联合国的统计，到2050年，城市人口将超过30亿。不管是被城市中的机会所吸引还是被命运所推，世界上那一半没有住在城市里但又想要更好生活的人们将会陆续搬到城市中来寻找这种更好的生活。

随着人口不断进入城市，伴随而来的是城市环境愈发不舒适的结果。居住在城市中的人们要排放更多的温室气体，比全球平均数的三倍还要多。更多的温室气体就会导致全球变暖的现象更严重，而城市只要增长就会带来更多的温室气体。如果现在城市化的趋势仍将继续这种方式的增长，而毫无可持续化的处理，我们将面临全球变暖所导致的灾难性后果。

居住在城市里的人们越来越意识到，他们的城市正在因为气候变化而变得更加脆弱。他们也因此意识到了自己的责任。那些滨海城市在全球变暖的影响下将有被淹没的风险。城市在影响着气候，而气候也在影响着城市。这个逐渐被大家认可的责任将反映在城市设计的新趋势中，反映在新的规划、标准和项目中。所有的努力都在尝试通过设计、建设，甚至引导生活模式等方式，让城市变得更可持续、更具韧性。

"韧性"到底是什么意思？我们今天设计城市的方式其实并不韧性。蔓延发展的美国城市郊区消耗了超过全球平均数14倍的能源。亚洲大规模的新城市也是如此，虽然它们的建筑密度更高，但是用棋盘式的高速公路来划分区域并没有提高通达度，反而浪费了高密度所带来的高效率。同时，全球贫穷城市的增长也相当壮观，新的社区被建设在危险的洪泛区域或者泥石流坡上而没有任何安全措施，这些新区也缺少其他基础设施。这里城市设计的现状模式是低效的、敌对的、不安全的。

城市设计可以让城市变得更有韧性。一个经过良好设计、建设的城市应该是最高效、最安全也是最富有的。它是一个可以适应极端气候的地方，居住在其中的人们应对一场暴风雨和面对一场春雨差不了多少；这是一个在经济发展、教育、健康和艺术上有着最伟大创造的地方；这也是一个走在哪里都是一处壮丽景观的地方。韧性城市意味着，在气候变化的今天，我们依然可以生活得很好。

## 1.1 什么是城市?

亚里士多德说，城市是人们想要去的地方。就像在导言里提到的那样，城市由许多的形式组成，从郊区的乡村小住宅到市中心的摩天大楼。从统计学意义上讲，城市不光是市中心，他们是整个都市区域，包括这里的全部建筑和财富。他们很难被定义得非常精准。虽然我们已经有超过5000年建造城市的经验了，现在有20亿人居住在城市里，但是对"城市"这个词却没有共识的定义。

在面对其成员国对城市定义的不同标准时，联合国举手投降，承认对于城市没有一个国际统一的标准，似乎城市只有一个模糊而敏感的描述——"灯火通明、高楼林立、交通拥堵"。但是这完全误导了城市化的真正含义。

在冰岛，200个人住在一起就是一个城市了，而在中国，需要达到10万人才算是一个城市。美国有很多不同的统计等级，将它们结合在一起就构成了衡量城市的最大度量。这个最大度量的体现就是大都市地区（MSA）[1]。大都市地区是指一种高度结合的城市区域，这些城市以及他们周边的区县都围绕着一个核心区域运转。大都市地区由城市边缘（urban fringes）（没有合并进城市而邻近城市的区域）、城市片区（urban places）（没有联系在一起并至少达到2500人的区域）以及城市区域（urban areas）（至少达到5万人，城市密度至少达到1000人/平方英里，约386.10人/平方公里）构成。美国对"城市"的各种统计学上的定义都是基于这样一个基本原则：今天的城市有多种形态、多样的设计方式和多元的生活方式，从农舍到顶层公寓都属于城市，城市是一个集社会、经济、基础设施于一体的完整体系。

今天，一个城市的形态是由居住在这里的人来决定的。因为人的多样性，所以城市呈现多样的形态特征。纽约是一个在城市形态和感知上都具有极大多样性的经典案例。作为联合国总部所在地的曼哈顿，以"灯火通明、高楼林立、交通拥堵"所著称。但我在布鲁克林的偏远角落也是城市，那里有古老的砖砌仓库和摇摇晃晃的码头。皇后区有带车道和私家车库的郊区别墅。斯塔顿岛上甚至还有一个移动居住区，拖车整齐地排列着，轮

---

① 大都市地区（United States Metropolitan Statistical Areas，简称MSA）具体是指大都市统计区，是美国核心都市人口密度相对较高，和地区全体经济有密切关系的地理区域。这些地区并没有法律地位，由美国人口普查局和其他联邦政府机构出于统计目的使用。

井上盖着盆栽。这些地方也都是纽约。

然而，对于来自纽约五大区之一的公民来说，他们可能很难认可在五大区外的人也是纽约人。但这座城市其实已经延伸到了纽约市周围的地区，跨越了各种行政或者地理上的边界来形成统计意义上的纽约大都市区。新泽西州的购物中心，韦斯特切斯特县的办公园区，远在宾夕法尼亚州斯特劳兹堡的睡城，如果没有纽约这座城市的吸引力，这些地方就不会发展起来。他们是纽约大都市城市网络不可分割的一部分。

## 尺度很重要

城市体验的多样性使得城市很难从统计学上进行分类，除非用一个简单的指标：人口。如果你以人口衡量大都会地区中的城市，那么城市一般只有三种规模：小、中、大。如果你是世界上大多数生活在城市里的人，那么你不是生活在一个城市，就是在一个大都市，或者一个特大城市。

在1950年，纽约整个五个大区的人口超过了1000万人，纽约成为了世界上第一个特大城市。从那时起，从墨西哥城到东京，特大城市的数量越来越多，单说亚洲就有很多这样的城市。

在特大城市出现之前，大都市被认为是城市中最先进的形式。19世纪工业革命带来的财富催生了大都市。大都市有着100万~1000万人的居住人口，给人以既悲惨肮脏又光明富有的印象。大都市如伦敦和巴黎成为了现代文化的熔炉。不管怎样，在今天大都市也都不再是帝国的象征。大都市是人们定居的好地方，这里一般是一个区域的中心，美丽、多样、有活力，就像有400万人口的澳大利亚悉尼。这些城市通过保障本地生活的高质量以及同其他全球城市的联系来保持他们的竞争力。他们希望能够寻找到特大都市和城市之间最好的平衡点。

尽管世界上多数人口最终会居住在那些特大城市（mega city）中，但是现在发展最快的城市是那些不到50万人的城市，它们也是目前最常见的城市。这些城市一般是次级分区的中心（subregional capitals）。它们的城市规划和基础设施建设能力都相对较弱。由于这些城市面临着较快的人口增长，资源短缺使他们面临越来越大的压力，这种情况在非洲十分常见。

中国香港的高密度住宅
（来源：亚历山德罗斯·沃
什伯恩）

## 对比

其实我们无法真正去对比世界上的任何两个城市，无论是小的、中等的还是大城市，他们实际上没什么可比性。因为即使是最大的城市，也存在着非常精细的颗粒度，所以做城市之间的比较分析需要对你所比较的内容和你所比较的边界非常精确。举个例子，美国纽约和中国香港，哪一个城市密度更高？

密度是在一个区域内承载多少人居住的度量方法。从行政辖区来看，美国纽约和中国香港几乎拥有相同的土地面积以及人口数量：纽约面积为469平方英里（约1214.70平方公里），居住了800万人；香港有426平方英里（约1103.33平方公里），居住了700万人。在行政尺度上，这两个城市密度相当，都差不多是17000人/平方英里（约6563.74人/平方公里）。但是香港实际上将它的建设用地限制在100平方英里（约259平方公里）的土地中，剩下四分之三的土地都作为公共空间。纽约只留下四分之一的土地作为公园和街道。把几乎相同的建设量挤在更小面积的土地上，意味着香港建成区域的平均密度达到了7.1万人/平方英里（约2.74万人/平方公里），几乎是纽约的三倍。所以说，香港才是密度更高的城市。

但是等一等！如果你只计算曼哈顿的密度，这个数值将达到8.3万人/平方英里（3.2万人/平方公里）；再等等，如果我们把统计范围缩小到香港的九龙，那数值就变成了11.7万人/平方英里（4.52万人/平方公里）。所以，这完全取决于你怎么画这条线。

## 边界

我们画的这条线就叫作边界。对于一个城市最简单的边界就是它的行政边界，就好比纽约五区。行政边界一般是历史继承的，纽约的行政边界保留着1902年时城市的扩张状态，从那之后基本没有改变。鉴于20世纪绝大多数城市的超量增长，在我们想要取样的城市数据中无论是对于描述一座城市本身，还是描述这座城市对区域的影响力，光有行政边界都是严重不够的。为了让经济、社会、人口的数据更具可对比性，你需要在一个城市的不同尺度进行取样，根据需求划定不同的边界。这就是为什么美国政府并不只依托在行政边界上，而是使用更精细的人口普查区，然后再将它们聚合到大都市区中，比如在纽约的大都市，就包括了跨行政边界的三个州以及数百个市镇。

边界的选择是令对比真实可信的关键，正如我们刚才所举的美国纽约和中国香港的例子。在每一个边界中，对于变量的选择同样重要。在尝试去定义一个城市的时候，指标和感知、边界和变量，都必须清晰。

城市的复杂性使之无法仅用一个变量来定义。事实上，当我们在定义或描述一个城市的时候，对于我们选择的变量是没有限制的。这些变量可以反映出我们关注城市的哪一个方面。它们可以是人口的变量、种族样本、教育水平或收入水平；可以是基础设施方面的变量，比如污水处理的指标或是运输速度；也可以是文化方面的多样性指标，如学校、博物馆、艺术表演中心的数量。

现如今地图的精确性在卫星技术、雷达以及楼宇信息系统等现代技术的影响下提高了许多。因此，我们可以划分任意尺度的边界。悉尼正在实施一个地图项目，这个地图不但可以精细到每一个楼宇，甚至可以精细到每一个房间。

但在地图技术方面的真正革命是通过地理信息系统让多样的数据准确地和地理空间位置相关联。互联网带来了信息的普及，从城市数据库到Flickr页面等，关于城市的任何特征都可以被归为可统计的数据。通过GIS，各种信息可以在地图上与空间相连，现代化的技术可以实现在任何尺度上划界。

GIS所带来的可视化让人能够惊喜地看到基础数据被呈现为图像的样子。在纽约滨水综合规划中，我们提取了纽约各港口的水深数据，用GIS将它们以不同的蓝色表现在地图上，就能清晰地看出纽约港的水深变化其实是陆地地形的延续。图像的结果呈现非常的精确，也非常具有启发性。我们获得了一个新的视角，即从航道和流域来看这个城市。

埃里克·费舍尔是GIS最富创造性的使用者之一。他从社交媒体抓取数据，他制作了一幅"地理信息＋推特"的纽约地图。这份特殊的地图上流淌着一条条与众不同的河流，这些河流是由纽约行人汇成的河流。当人们对某些他们看到的东西留下了

**GIS揭示的纽约港水文**
（来源：纽约市城市规划局）

深刻印象时，人们会通过带地理信息的推特来记录它们，这就使这些兴奋点记录在了地图上。

在地图上创新性地利用描述性定量对定义一个城市有极大的帮助。实质上，这给大家提供了一种数据度量方法，这种方法既可以用作定量分析，也可以用作定性分析。纽约港中的水深数据是定量数据，那个去时代广场发出"我的天呀"感叹的推特游客是定性数据。但是它们都可以被GIS精准地记录在地图上。因为城市是一个既有情感又有事实、既有抱负又有成就的地方。能够同时监测追踪定量和定性的能力是城市设计最有价值的技术工具。

通过采集丰富的数据从而进行统计对比，城市设计者可以挖掘城市的复杂性，寻找可执行的信息，寻找因变量。如果你改变一个变量，它会怎样影响另一个呢？

仅仅利用一个变量（比如人口密度），或一个边界（比如行政边界），远不够去定义一个城市。反之亦然，每一个边界，每一个变量都可以被看作一个在城市基础上所形成的具有特殊属性的城市，比如有一个政治上的纽约、一个医疗纽约、一个文化纽约，一个融汇了多民族美味的美食纽约。我们可以在地图上找到各种各样的纽约。同样也有通勤纽约、零售纽约，我们还可以在地图上标记河流和流域，这样就有水系纽约。各种各样的城市有着不同的边界，不同的边界还会随着时间而变化，比如随着早晚高峰和夜生活而变化，但是它们都是真实的、可感知的、可表达的、可测量的。每个城市属性都和其他城市属性同时存在，它们的边界甚至是重叠的。我们每个人都能记住那个对我们最重要的城市意向地图。这让作为市民的我们能够在城市众多的功能和混合信息中为自己导航。我们无意识地把这些地图组合在了一起，重叠或者不重叠，这些不同的地图不停地被我们的职责、欲望、希望和渴望所召唤。现在，作为城市设计师，通过在空间上用参数组合映射这个动态多样的城市，我们可以记录并参与到城市每一次心跳中去。

**旅途中的一滴雨**
（来源：斯凯·邓肯）

## 1.2 城市是自然的一部分

对于"郊区不是城市"的误解其实和一个更大的误解有关："那就是城市并不是自然的。"城市是自然的一部分，它是人类的栖息地。城市和地球上的其他地方没什么不同，都要服从自然的法则和逻辑。

历史上，我们一直认为城市是应该与自然分离的。住在城墙后面是一种保护自己不受荒野侵害的方式，因为我们不希望在睡觉的时候被吃掉。没错，在那个时候当人们可以看到城市和自然之间的界限时，人们会感到安全。但是随着人口的增长以及工业革命后我们开发自然能力的提升，我们对自然的态度发生了奇妙的逆转，我们不再认为面对自然自己是脆弱的了，取而代之的，我们开始认识到：面对人类，自然是脆弱的。19世纪纽约那些未经过滤就排入海港的污水也许杀死了哺育了数代人的巨型牡蛎床。为满足建造房屋所产生的木材需求，我们可以把整片森林夷为平地。为实现对集中取暖的需求，我们污染了空气，天空下起了酸雨。我们变成了对自然、对自己的威胁，因此我们不得不制定法律来遏制我们那些最恶劣的暴行。

从保护自己不受自然侵害到保护自然不受我们侵害的变化过程中，我们一直将自然和人类分开，这种思想其实蒙蔽了我们自己。这两者的极端都是一种偏执。没有任何一个极端是可持续的。

城市设计将会是我们第一次重新定义城市与自然的领域，如果我们能成功实现它的话。我们在管理城市上取得的成就将与我们管理环境所取得的成就并行。结合自然的城市就是这样的一个例子。

城市和自然相互依赖的关系需要被量化、被认可。特别是因为这个新的范式和数百年来的传统相反，数百年来自然都从人类中分离出来。随着全球变暖，海平面上升以及像飓风"卡特里娜"这样的暴风雨来得越来越频繁，城市和气候在相互影响这件事情上变得愈发明显。

过去的城市发展模式是无论人类或自然总有一个要牺牲，而现在我们正从过去的发展范式中转变出来，转变成主动承担城市与自然之间的依赖关系，设计并管理这种关系，将自然融入城市形态中，以达成城市与自然互利的目的。要想转变成功，我们就需要理解城市和气候变化之间的关系。

## 气候是怎样影响城市的？

气候变化会影响到所有城市，当极端气候事件和缓慢变化的气候问题相结合时，它们让没有任何准备的城市疲于应对。飓风"桑迪"是一个极端事件，它对纽约的影响是严重的，无情地摧毁了那些正好处在暴风潮路径中的城市区域。而纽约港的水平面在不断地增长，这是一个缓慢的气候变化过程，它的影响不会像"桑迪"那么具有戏剧性，但事实上这些变化将会无处不在[1]。

在飓风"桑迪"之前，我们问过纽约是否准备好了应对像"卡特里娜"那样的"大风暴"。我们并不想在新奥尔良发生的一切将会发生在纽约身上。飓风"卡特里娜"在2005年袭击了新奥尔良，其对城市的影响让我们

**飓风"桑迪"的夜间卫星图**
（来源：美国宇航局地球观测站）

看出具有极端破坏力的天气能够怎样破坏我们的城市，就算是在美国这样一个最强大、最富有的国度上，那些建设良好的大城市也无法抵御极端气候造成的巨大危害。来不及逃跑的人们就这样漂浮在街道上，这一惊悚的画面让我们看到极端气候事件给城市带来的巨大影响。

我们制作了一些数字模型，用来推演飓风袭击纽约的情况。我的同事撒迪·帕沃斯基甚至建造了一个虚拟的纽约韧性社区，我们将它称之为"繁荣海岸"。这个模型可以用来检测4级飓风的袭击以及我们的恢复能力[2]。当帕沃斯基开始运行这个数字模型时，得到的结果是695000个家庭房屋被摧毁，120万人无家可归。于是，我们开始制定应急预案以及应急住房的指导手册。2011年我们与飓风"艾琳"擦肩而过。2012年飓风"桑迪"袭击了纽约。现在我们逐渐了解到了极端气候事件所带来的影响。

全球的城市居民都将要开始认识到缓慢的气候变化也能带来的巨大影响。它不仅会给城市带来灾难，同时也会给日常运营带来挑战。不断升高的气温，更多降水的变化，频繁的风暴潮正在变成城市生活的一部分。随着温度的升高，极地冰融化的速度将进一步加快。海平面不断上升，所有一切都是在气候变化的背景下发生的。随着海平面的上升，滨海城市将会发现他们越来越靠近海岸线，甚至将低于海平面。鹿特丹是一个典型案例，太多的水和太少的高地是这个城市面临的两大问题，这长期威胁着这座城市。

鹿特丹位于北海的莱茵河和默兹河形成的三角洲，这座城市的存在正是由于它在水路上的通道位置。这里是欧洲最好的港口，尽管它不像阿姆斯特丹那样风景如画，但它的城市风貌却有着强烈且独特的码头特色。你可以在拖船区域搭乘一艘船（水上出租车），然后停靠在其中任何一个码头。如果要想到达堤岸上的建筑，你得先到大堤上。这些大堤是"水门"这种巨大基础设施的一个部分，通过控制系统让其在合适的时间开关。这种基础设施对于鹿特丹非常重要，因为鹿特丹比海平面低很多，这个城市经常下雨，频繁面对风暴潮的威胁。所以说，没有人是因为气候而选择生活在鹿特丹的。

在过去的这些年，鹿特丹降雨量不断增加，相应地，海平面也在增高，留下的土地越来越少，这些海平面以下的土地很难消化一场风暴所带来的降雨量。暴雨水必须通过水渠导出城市，流入北海（the North Sea）。不管怎样，当暴风雨从北海过来，将潮水推高，城市必须将水门关闭来保护自己。但是这些水门不会长期关闭，不仅因为进出口经济依赖着航运，也因为如果水门关闭，城市如何将这些暴雨洪水排入海中呢？莱茵河和默兹河也从其所在的流域中给城市带来了几亿加仑的水，这些水都需要进入大海。当海潮退去，河水面也开始下降了，水门必须打开，然后快速关闭让水迅速排入大海。水从鹿特丹的四面八方进入，从天空中，从海洋中，从河流中，从地面上。鹿特丹必须通过和"水"奋战，才能生存。

对于很多其他城市来说，气候变化所带来的问题不是水太多了，而是水太少了。乔治亚州的亚特兰大是美国东南部一个普通的多雨城市，这个城市在2008年的一场漫长的干旱中经历了市政用水持续消耗的考验。

未来，热浪也将来得更加频繁和剧烈。那些覆盖在城市上的材料（混凝土和沥青）吸收了这些热量，日落后街道和建筑持续释放出更多的热量。炎热的白天和燥热的夜晚将人们置于中暑或呼吸疾病中，越来越多的病症开始出现。对于居家生活的很多人，特别是那些老年人及其那些有着特殊需求的人们，空调变成了支持生命的必要设施。

气候变化的慢性并发症还有一些无法预见的次生灾害。亚特兰大夏季气候炎热潮湿，而在这样的季节里，水不是用在浇灌植物上而是用于运行空调，这加剧了这个蔓延城市的热岛效应，最终引发了"市区龙卷风事件"。这是历史上龙卷风首次降临在这个城市中心降落。

## 城市如何影响气候

温室气体并不可见，但是你在街道上走一走，仔细观察居民日常生活和生活方式，你就可以"看到"一个城市是如何产生这些气体的。在纽约，你可以从人们是如何建造、管理、使用建筑中看到这些气体，这些行为将产生巨大的温室气体排放。纽约温室气体中78%的排放来自燃烧或者运输燃料，用来加热、制冷、点亮我们的楼宇。因此，如何建造和运营这些楼宇将产生截然不同的碳排结果。你可以发现那些20世纪20年代有着厚砖墙和活动窗户的建筑，它的能源以及碳效率都很高，但是它仍然在使用传统的加热器，燃烧着原油。如果将它变成天然气，就可以减少一半的碳排放。但是，对于建于20世纪60年代采用单层全玻璃外墙的建筑来说，就没有这么快速的解决办法了。如果每个人都离开办公室回家了，而内部的灯依然亮着，这将是街区中最大的能源消耗。顺便提一下，在纽约许多租约都是租客来缴纳电费，这也让房主没有动力改造房屋以节约能源。

只要你走在纽约街头，就会看到正在建设的新建筑。你也许会看到一

这些气泡显示了纽约市街道上各种碳排放来源的百分比
（来源：亚历山德罗斯·沃什伯恩）

0.2%路灯和信号灯

大型住宅28%

办公楼11%

小型住宅17%

商业34%

1.6%
小型
货车

0.6%
Rail

1.6%
重型卡车

1.2%
公交

客车13.6%

2%步行

1.4%
地铁

个建造者正在用隔热、防雨的高效能窗户安装建筑立面。建造者也许也会增加密度，增加建筑的混合度，比如在底层增加商业，而在上层布局居住或者办公。随着更先进的照明以及气候管控，这些建筑将比它们的前辈更加节能，这些建筑只会排放传统建筑三分之一左右的温室气体。纽约通过重新制定现代建设标准，很容易达成减少碳排放30%的目标。但是从整体平均水平看，新建建筑和可持续改造仍然只是已有建设量的一小部分。虽然，看起来好像总有塔吊在城市中，但其实纽约2030年建设量的80%都已经完成了。

明天是纽约的收垃圾日，人们将他们的垃圾以及可回收资源放在人行道上。我们的垃圾也代表了我们个人消费的碳排放，比如智利进口蓝莓的空盒子。这在碳排放底线上有着巨大的影响：除了进口蓝莓的运输环节、保存蓝莓的制冷环节以及分拣卡车废气产生的碳排放，还有2%的碳排放产生在"逸散性气体"上。例如甲烷，它将随着垃圾在垃圾填埋场分解而最终释放。而食用本土食物并进行堆肥处理对降低碳排放是很有帮助的。比如，对于生活在布鲁克林的居民，购买产自布鲁克林的食物，通过堆肥把厂房的屋顶变成屋顶农场[3]。每英亩（约4046.86平方米）的屋顶可以在一年里生产约15000磅（约6.8吨）的水果和蔬菜，其附带的蜂箱还能产生一些蜂蜜。这样就减少了食用进口产品而产生的额外碳排放。

从积极的方面来看，纽约的行道树吸收了大气中的二氧化碳，将其在树干和树叶中储存，从而降低了我们的碳足迹。英国梧桐、挪威红枫、豆梨树是主要的三个品种。每一棵树每年能从大气中吸收约50磅（约22.68千克）的二氧化碳。这些树除了在夏天提供庇荫地，还可以降低建筑温度，给纽约在不同季节提供一个舒适的步行环境。

纽约也是全美最高效的城市。这要归功于其地铁通勤系统，在纽约已经很低的交通碳排放中，只有7%来自地铁，尽管地铁是我们最主要的交通方式，它每天运送的人数几乎相当于整个城市的人口——700万人！

地铁对于降低碳排还有另外一个贡献：它可以让我们的城市建设得更紧凑。如果当我走在布鲁克林的国会街上向上看，我会看到一些20多层的大厦聚集在地铁站周围。这是一个公共交通导向发展的典范，而这一开发模式纽约已经执行了超过一个世纪了。沿着地铁站形成高密度的功能区域，人们就可以通过步行结合地铁的方式回家、购物、工作以及休闲。

当谈到城市是如何影响气候的，没有必要去隐喻，只需要去计算。纽约有专门计算碳排放的部门。将计算结果相加就是纽约城市的碳足迹——4930万吨温室气体排放。

## 1.3 为什么是纽约?

纽约正从飓风"桑迪"中迅速吸取教训。我们正逐渐认识到，要想变得有韧性我们还有大量的工作要做，而城市设计在我们通往韧性城市的过程中可以发挥决定性作用。当我们向其他城市学习，获取最佳实践和经验时，我们也看到我们的城市和其他城市是多么相像。我们也许会认为自己是与众不同的，但实际上我们与世界上其他数百个城市一样面临着相同的挑战和机遇。

纽约是一个沿海城市，近50万市民正处在洪水和风暴潮的袭击中。我们与世界各地的沿海城市同样面临着保护城市安全的挑战，特别是那些生活在距海平面一米内的6亿多人口。

纽约是一个多元化的城市，在各个方面都反映着来自世界各地的文化。我们是一个多元的混合体，我们居住的房屋既有摩天大楼也有拖挂车房。我们居住的社区从最密集的都市中心到拥有大草坪的郊区豪宅，我们喜欢并享受着这种不同。

纽约在不停地成长，世界上其他伟大的城市也是如此。下一代，纽约将会增加100万人口。我们志向远大，就如同每个成长中的城市一样，我们对明天有着强烈的渴望。在纽约，每分钟都有新的事情发生。我们可以有一个想法，一个城市设计的想法，当这些想法串联在一起，我们可以预见十年后的纽约。

纽约是一个城市建设和生活的实验场。不管你喜不喜欢，我们正处于气候变化的交叉点。我们有极端的冷热天气，我们在飓风的行进路径上。我们从其他城市获得灵感，建设海堤和自行车道，但我们需要自己分析验证它们能否实现。我们塑造韧性城市的实验也成为其他城市的榜样。尽管我们与众不同，但在某种程度上纽约的建设也是具有示范意义的。

纽约是城市设计的典范。正如歌中所说，如果你能在这里成功，你就可以在任何地方成功。纽约是变革的熔炉，它设置了最大的障碍，也会给你最丰厚的回报。简要地研究纽约城市设计的历史及其所带来的变革，有助于提升我们对城市设计本质的认识。

### 纽约城市设计简史

纽约城市设计的历史可能要从荷兰人算起，因为1609年他们在曼哈顿岛建立了坚固的贸易殖民地新阿姆斯特丹。荷兰人的城市设计传统源远流

曼哈顿的现在与过去
（来源：马克利润·博伊
尔/曼哈顿项目/野生动物
保护协会）

长，如今他们被认为是世界顶级的规划师之一。一直以来，他们顽强而理性地追求着可持续发展。

针对这个说法，我喜欢告诉我在荷兰的同行们，"纽约上一次可持续发展其实出现在你们荷兰人之前"。那么让我们开始一段简短的纽约城市设计史，它不是从荷兰人开始，而是从纽约的先人伦纳佩印第安人开始。在荷兰人到达曼哈顿之前，伦纳佩人已经占领了曼哈顿数百年。通过渐进式的环境管理，伦纳佩人利用火和非线性的种植模式在岛上创造了50种不同的生态系统，并将其称之为"邻里栖息地"。根据野生动物保护协会的生物学家埃里克·桑德森的研究，我们对他们所说的"曼纳哈塔"（Mannahatta）建立了一个相对准确的城市意象。桑德森将其称为"人类的栖息地"，他将他成熟的生态学知识与复杂的绘图技术相结合，制作出该岛在1609年左右的三维模型[4]。

桑德森利用现有最古老、地形最精确的岛屿地图（一张英国军方于1782年革命战争期间为了设置防御攻势而制作的地图），将卫星摄影和地理信息系统结合起来，精确定位了岛上所有的自然特征，找到沿水道和空地上伦纳佩人定居地最有可能的地点。随后，他利用物种关系和首选栖息地

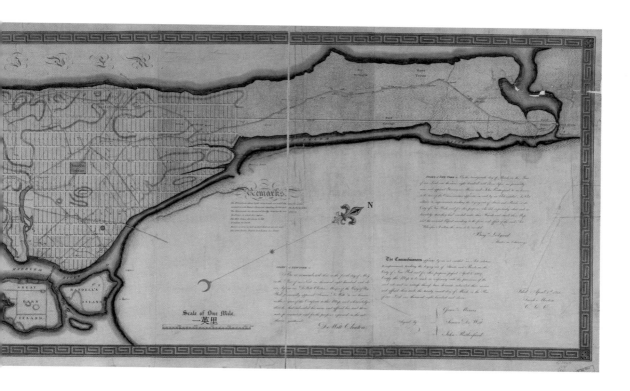

的生物学数据，绘制了缪尔图（一张显示栖息地内生物食物链关系图）。桑德森统计了伦纳佩斯人管理期间曼哈顿的近一千种物种。他可以精确地绘制出约为城市街区尺度的伦纳佩景观，从草地到森林，再到有成群小屋的空地。桑德森指出，在这些地方，伦纳佩人比三个世纪后的下东区移民居住得更密集。由此看来，纽约人似乎一直偏爱高密度生活。

在英国统治下的殖民时代，纽约决心超越其竞争对手费城，成为美国最大的城市。1811年，一群纽约市的专员们制定了一项计划，要清除伦纳佩人和早期荷兰定居者最后的遗留耕作。他们用密集的街道网对曼哈顿进行了彻底改造，如果这些街道建成并投入使用，纽约将比当时世界上任何一个城市都大。

1811年的专员们避开了当代城市规划中常用的环岛和放射状道路网。他们选择了方格网式路网，因为他们认为这样更经济。方格网笨拙地连接到现有的社区（如格林威治村蜿蜒的街道），并通过第七大道（几条新的100英尺（30.48米）宽的南北向大道之一）延伸到曼哈顿下城。十字路口宽60英尺（18.288米），相距200英尺（60.96米），这个路网结构为房地产开发提供了两千多个可开发地块。

**在中央公园改变全岛面貌的50年前，专员的网格已铺满曼哈顿**
（来源：国会图书馆，地理和地图部门。地图由威廉·布里奇斯绘制）

在当时的规划中，专员们并没有为公共开放空间预留用地。他们在计划报告中写道："开放空间如此之少且面积如此之小，可能会使许多人感到惊讶"。但当地价"如此之高"时，为什么还要留出"空地"呢？专员们想要尽可能多的土地来支付税收，并提出如果公众对开放空间有需求，他们完全可以到曼哈顿的海岸游玩。

1840年左右，科尼利厄斯·范德比尔特开始在北河①沿岸购买土地，并在曼哈顿西侧修建了一条货运铁路。当时，朋友们都在想"为什么他要在这么一个人口稀少的地区修建铁路"。他回答道："把路修好，人们就会来"[5]。也许在1838年第一艘汽船来到纽约后，经营帆式渡轮起家的范德比尔特就意识到了曼哈顿哈德逊河畔的工业潜力。当蒸汽动力应用于船舶，就意味着曼哈顿的所有海岸都可以通商和停靠。由于没有预料到蒸汽轮船的产生，专员们没有把海滨地区标为特别区以便依法保护它们。结果，到了19世纪后半叶，沿海地区的工业发展最为迅速，使休闲娱乐变得不可能。

曼哈顿码头林立，滨水区对公众关闭，临水的用地只为工业服务。木材厂、砖厂、石灰窑、煤气厂、胶厂、牛奶场、货运场、仓库和屠宰场占据着每一块土地。一辆冒着浓烟的机车拉着货物缓缓地行驶在范德比尔特的第十大道铁路上，前面是一个骑着马的牛仔驱赶行人。整个海滨就像一个工厂。

社会问题和疾病开始增多。结核病猖獗，骗子（Gophers）和城市黑帮（Parlor Mob）等帮派在曼哈顿徘徊。特威德团伙主导了政治，对犯罪行为视而不见，产生了类似"田德隆"这样的街区。一位牧师抱怨说，"这里妓女比新教徒还多。"

对于19世纪中叶曼哈顿的普通市民来说，没有一个地方可以让人从城市的弊病和压力中解脱出来，没有一块足够大的绿色公共空间可以让人在休息日和家人一起休息。如果你想静一静，想要一片草地，最好的选择就是去墓地。

## 弗雷德里克·劳·奥姆斯特德（Frederick Law Olmsted）

这个困境需要一个英雄，我认为这个英雄应该是纽约第一位真正伟大的城市设计师弗雷德里克·劳·奥姆斯特德。奥姆斯特德带给了我们中央公园。他认识到大自然有能力在改善城市生活质量的同时解决城市基础设

---

① 我们现在称之为哈德逊河。

（A）

（B）

（C）

施和社会问题，同时他有能力将自己的设想变成现实。

奥姆斯特德推动了当时的城市发展。他是一位景观设计师，他也掌握设计实施的政治和金融知识。他既不是人民的公仆，也不是宇宙的主人。但他成功地通过中央公园改造了纽约，比任何市长或大亨都要更具影响力。

他很务实，对设计抗衡政治和金融的力量不抱任何幻想。中央公园的设计是出众的，但在一个被腐败和势力所笼罩的金钱至上的城市里去建造它，是一个艰难赌注，这个赌注关乎于政治和财政。这个赌注是巨大的：848英亩（约3.43平方千米）的可开发土地需要从纳税单中扣除，3000个房地产地块将由政府的公共开支购买和支付。公园本身景观美化的工程巨资也没有

我的三个老板：弗雷德、简和罗伯特。在我们所做的每一个项目中，都需要弗雷德里克·劳·奥姆斯特德的自然（A），简·雅各布斯的质量（B）和罗伯特·摩西的数量（C）

（来源：（A）约翰·辛格·萨金特的画，（B）麦琪·斯泰伯的照片，（C）盖蒂的图片）

人能够合理正确地评估，因为从来没有一个美国城市决定建设如此规模的公园。由于争论激烈，中央公园险些没能建成。公园不仅建设草坪和步道，也包括一个可以解决城市水问题的蓄水池，这一设施最终使辩论偏向于同意公园的建设。奥姆斯特德的艺术作品最终得益于他的设施工程选择。

建造中央公园的赌注当然得到了回报，如果没有19世纪奥姆斯特德的中央公园这一伟大成就，很难想象纽约会成长为20世纪之都。

## 罗伯特·摩西（Robert Moses）

20世纪中叶，在罗伯特·摩西时代，纽约不但是美国最大的城市，也成了世界上最大的城市。摩西不是设计师，也不是金融家或民选政治家，但因为他的成就之大我认为他是纽约最伟大的城市设计师之一。他是一个委任官员，整个职业生涯都在政府工作。你可以称他为官僚（bureaucrat），但这个头衔并不适合一个在纽约积累了如此多控制权以至于被称为"权力掮客"的人。

他的职业生涯是从建造公园开始的，他靠自己的天赋来完成工作，为曼哈顿一些贫穷的社区带来阳光和空气。之后他通过建造一条公园带和一条通往市中心的林荫大道将公众带回到水边，从而改善了曼哈顿上西区的破败边缘地区。他在布鲁克林和皇后区修建了一条新的高速公路，这条高速公路藏在布鲁克林高地的一条步行街上。他在一个前身是仓库的地块上为联合国建造了一个优雅的新总部。

摩西的项目规模空前,但目的越来越可疑。摩西利用联邦政府的"清理贫民窟"资金买到了不算是贫民窟的土地。通过征用权驱逐居民,夷平他们的家园,将城市街区合并成超级街区,然后建造了数百座几乎完全相同的十字形塔楼,以容纳他所希望的新中产阶级。在他的项目中,他总是优先考虑汽车的出行,并禁止地铁线路占用道路通行权。他修建了连接高速公路的桥梁并对其收费,用所得的资金发行债券,建设更多的项目。他势不可挡。

1958年正是摩西权力的巅峰时期,他却在格林威治村遭遇了滑铁卢。在那里他遇到了最意想不到的对手——简·雅各布斯,一位戴着大眼镜、自称为家庭主妇的人。摩西想拓宽一条穿过华盛顿广场公园的路,而简·雅各布斯组织了她的社区反对这一建设,他们坚持自己的立场,并赢得了这场战斗。在洛克菲勒基金会的资助下,简·雅各布斯撰写了《美国大城市的死与生》(The Death And Life of Great American Cities),为新一轮小型化、基于社区的设计打开了一扇崭新的大门,以对抗自上而下城市规划的重压。

## 简·雅各布斯(Jane Jacobs)

摩西完善了自上而下的管理,在极短的时间内提高了城市的规模和容量。但是摩西对纽约城市建设的大量干预开始让人们逐渐在社会中滋生出一种警惕。尽管摩西建设的基础设施和建筑工程一直突飞猛进,但人们却感到城市生活品质在下滑。城市生活品质的下降,将导致居住价值的丧失。一位

简·雅各布斯重新发现了纽约市街道的品质;她附近的小酒馆白马酒馆仍然是非正式的社区中心

(来源:亚历山德罗斯·沃什伯恩)

记者写道："纽约已经不再是一座有爱的城市了"。但简·雅各布斯在她的家门口找到了摩西大都市里失去的生活品质。她向纽约人展示了如何重新发现城市日常生活的魅力，并由此引发了一场社区革命。因此，她是我认为的纽约第三位伟大的城市设计师。

第二次世界大战刚结束时，简·雅各布斯搬进了格林威治村一间简陋的联排住宅中。哈德逊街上的房子仍然以一排店面的形式紧挨在一起，街块的尽头是白马酒馆，她经常在那里要一杯啤酒，和邻居们聊天。她认识社区的每一个店主和每个家庭，他们也认识她。哈德逊街是她理论的实验室。正是在哈德逊街，她发展了自己"街道之眼"的理论，即街道是保持社区感和维护公共安全的必要条件。街道上的那些眼睛需要有东西可看，而在一个健康的社区里，那些街上非正式的社会互动成为街道的吸引力。她把日常生活中发生的事称为"哈德逊街上的芭蕾舞"，她意识到她所在的社区对她来说几乎和她的家人一样重要。这种看法在纽约依然存在，最近的一项民意调查发现，排在家庭之后，纽约人最爱的是他们的社区。

## 1.4　21世纪的纽约城市设计展望

21世纪的城市设计与以往不同，我们必须在气候变化的背景下实现目标。纽约面临的第一个城市设计挑战是如何满足现有范围内的人口增长。我们预计在一代人的时间内，纽约人口将增加100万。为了提供住宅与工作机

会，我们必须更密集地使用现有土地。如果你把纽约市地铁系统的地图叠加起来，纽约的城市发展策略就会变得十分清楚。我们在公共交通节点附近上调了规划强度，在只有私家车服务的地区下调了规划强度。我们增加的密度是建立在公共交通系统之上的。这就是所谓的交通导向发展，大家称之为"TOD"。虽然其他城市可能才刚刚意识到它的优点，但自一个世纪前第一条地铁建成以来，纽约就已经开始实践TOD策略了。"TOD"是纽约的"DNA"。

第二个城市设计挑战是韧性，这是一项双重挑战。当务之急的是保护城市不受气候变化导致的极端天气和海平面上升的影响。但更长期的考验将是减少城市的碳排放，以减缓未来的全球变暖。我们有573英里（约922.15公里）的海岸线需要保护，到2030年要实现减排30%的目标。

纽约市面临的终极挑战是如何在成功完成上述两项议程时，同时提高城市生活的品质。若无法改善公共生活，我们所找到的技术方案就毫无意义，我们认为城市设计等同于改善公共空间，而高品质的公共生活正是来自于高品质的公共空间。从中央公园到佩利公园，到处都有启发我们的例子。在第4章中，我们研究了一个鼓舞人心的城市设计项目——高线公园，看它是如何通过公共空间改变所在的切尔西西区街区的。

为了成功完成我们21世纪的城市设计议程，即在人口增长的背景下提高城市韧性，并改善城市公共生活的品质，我们必须遵循纽约三位最伟大城市设计师的经验，在设计的每一个项目中实现摩西的"规模"、雅各布斯的"品质"和奥姆斯特德的"自然"。

**中国香港九龙的住宅密度**
（来源：亚历山德罗斯·沃什伯恩）

城市是生活的好地方：
布达佩斯喷泉
（来源：斯凯·邓肯）

布鲁克林大桥上看落日
（来源：亚历山德罗斯·
沃什伯恩）

布朗克斯河的景色
（来源：亚历山德罗斯·沃什伯恩）

More Jane Jacobs 多点简·雅各布斯
Less Marc Jacobs 少点马克·雅各布斯

城市设计的本质——基于纽约在韧性发展上的视角

**曼哈顿的街墙**
（上：东17街；中：东18街；下：西87—88街）
（来源：纽约市城市规划局）

第1章 我们为什么应该关心城市？

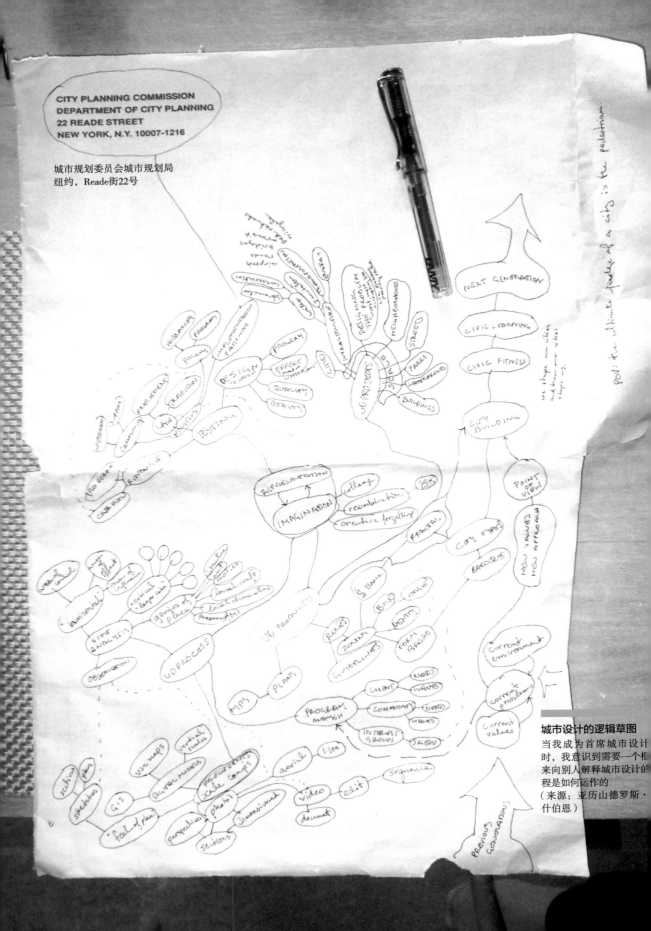

**城市设计的逻辑草图**
当我成为首席城市设计
时，我意识到需要一个框
来向别人解释城市设计的
程是如何运作的
（来源：亚历山德罗斯·
什伯恩）

# 第2章
# 城市设计的过程

在不同的时代，城市设计的成果可能不同，但过程却没有太大不同。它是一个万花筒，政治、金融和设计这三种不太透明的力量重叠产生出令人惊叹的复杂图案。

如果一个城市的发展模式最终威胁到它的健康发展，那么遵从它就会适得其反。城市设计必须正视其在发展中产生的问题，这些缺点已经在过去的发展模式中逐渐暴露出来，但仍在重复。建立模式、着手复制、发现缺陷——不然还能如何呢？毕竟我们是人类。但现在没有时间去反思过去的错误，也没有时间去解决旧账。未来使过去相形见绌。今天的城市正以前所未有的规模出现在我们面前，城市设计需要比城市建设更快的变革。

过去，城市设计可以快速并成功地应对威胁。19世纪90年代，当传染性结核病从下东区开始蔓延并威胁到纽约市民的健康时，有人问：我们是否可以通过改变城市的设计来阻止疾病的传播？通过城市设计，出台新的建筑和卫生法规，确立新的供水和交通系统，消除了传染病的威胁，使得纽约得以继续发展（该传染病致死率在当时为50%）。

今天，城市设计师所面临的问题是哪些具体的规则、规划和项目会改变城市的建设方式并使城市可持续发展？城市设计的过程就是回答这些问题的途径。与任何设计一样，城市设计的特性是观察、分析和表现的重复循环。然而，与其他设计过程不同的是，城市设计是在持续的金融和政治压力下完成的，而金融和政治将每个决定都变成了一场斗争。即使像"地块在哪里？""客户是谁？"这些简单的问题也需要大量的谈判、磋商和讨价还价。在这场斗争的最后，城市设计的过程形成了城市设计成果：一张理想未来的蓝图。这个蓝图被编制成法规，作为规划被采纳，建成示范性的试点项目，为新一轮城市发展奠定了发展模式。当新的增长模式被确立为典范，城市设计的过程就又回到了以检查项目是否合规为主的阶段……这种循环一直持续到下一次危机出现（希望是很久以后）。

　　一个城市如果没有形成政治、金融和设计力量的统一，它就不可能产生任何重大的变化。政治是决定建造什么的最大力量，它在城市设计过程中会以多种形式出现。它可以是自上而下的威权主义，如罗伯特·摩西；也可以是自下而上的社区激进主义，如简·雅各布斯。无论政治决策的形式是什么，除非它做出决定，否则什么都不会发生，因为政治决定了如何使用公共资源，谁将从变化中受益，谁来买单。即使不做出决定也是政治权力的一种形式。一位睿智的老人曾告诉我："真正的权力不是说是或否的权力，而是什么都不说的权力"。通过拖延决策，政府可以扼杀一个有前途的前景，或使人做出可怕的让步。

　　同样，如果忽视金融力量，项目就没有实施的希望。一个成功的金融模型是一场变革的触发因素，它使得重复的元素形成最终的城市设计模式。金融是使得元素"规模化"的东西——它将小的东西成倍聚合为大的整体。正是这个过程将一个互联网广告的小公司变成了一个像谷歌这样价值数十亿美元的大公司。金融模式的复制和推广是推动城市设计落地的重要引擎。1953年，同样过程令几分钱的汽油税推动了洲际公路系统的建成——虽然早已取得国会批准，但直到一个为修建高速公路而设计的金融系统（向公路信托基金缴纳汽油税）成立，美国的洲际公路才得以真正发展起来。该金融体系十分成功，以至于它一旦开始就无法停止。每当我们买汽油时，就会有更多的钱进入高速公路信托基金，它将促进更多的道路建设，而后我们更多地使用汽车，买更多的汽油，越来越多的钱被投入信托基金中，信托基金建造了更多的道路，不断重复。但是随着整个系统的完善、消费增速的趋缓，以及对提高汽油税兴趣的丧失，我们现在面临着一个相反的局面：投资下降，道路老化，我们无法承担维护这些道路的费用，更不用说建设新的基础设施了。"规模化"同样适用于建筑，其利润可以用于建造街道，在街道上建造更多的建筑物，从而获得更多的利润。这就是奥斯曼男爵通过名为"不动产信贷银行"的金融系统建造巴黎大道的办法。直到"不动产信贷银行"破产导致融资告罄时，巴黎的林荫大道建设和街景改造才结束。

　　与政治和金融相比，设计往往是决定项目能否建成的最薄弱的力量。在城市设计过程中，设计的机会之窗只会短暂地打开。当政治决定了一个行动方案，而金融想出了一个赚钱的办法时，就没有时间来优化设计了。当设计的机会之窗关闭，人们就开始按照既定计划疯狂地建造。

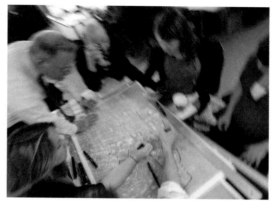

**以城市设计为中心**
（来源：亚历山德罗斯·沃什伯恩）

城市设计过程总是处于被政治和金融压迫的状态：尽管权力较弱，但城市设计是一项长期的事业，因此必须不断挑战政治上的妥协和金融中的利润驱动，这两者都倾向于短期的获利。城市设计始终致力于将城市变革放在更大的背景下，从而起到帮助社会以树见林的必要作用。

那么到底哪些城市设计推动了城市的不断变化？这个过程复杂得让人发疯，它反复无常且相互嵌套。它之所以复杂，是因为它处于政治、金融和设计的相交处。它之所以反复无常，是因为城市设计需要进行循环往复的观察、分析和表达。它之所以相互嵌套，是因为它在不同比例下的运作方式不同，需要将普适的设计价值观运用于小到行人尺度、大到城市尺度的范围。

城市设计的过程是一场关于未来城市形式和功能的斗争，城市的人口不断增加，人口结构也在不断变化，城市必须要提高韧性。通过城市设计做出的决定应该反映城市人民的价值观，体现他们对生活的希望与所处时代相对应的挑战。由于城市建设过程的漫长，城市设计讲述的愿景往往只能在决策者的后代们身上才能实现。因此城市设计的愿景往往与政治选举周期的短期性以及金融界对快速回报的渴望相悖离。然而，城市设计的成功与否，不仅要通过正式的、回顾性的评估来判断，还要同时看它对个人的幸福、社会的归属感和对他们所居住社区的健康发展所产生的影响。

许多城市设计师，包括我在内，都以建筑师作为职业生涯的开始。作为建筑师，我们实际上处在非常不利的位置。一个建筑师在工作中需要充分的理性、很强的逻辑性、高标准的要求，是一个"控制狂"。但"控制狂"对于良好的城市设计是一种阻碍。政治、金融甚至（城市尺度的）设计都不在建筑师的控制范围之内，而这些都是影响建筑师设计的因素。什么都无法控制但能影响一切是城市设计的一种特有态度。在试图控制一个集成了政策、金融和设计的方案时，注重细节的建筑师有时会忽略最重要的一点，即设计问题比设计方案更重要（稍后将对此进行详细说明）。

　　客户、建筑场地和功能类型在建筑领域中都是非常明确的：客户是支付费用的人，建筑场地是建筑物所在的土地，功能类型是客户希望建筑包含的功能空间。但城市设计中则没有这么明确。客户是谁？是政府吗？是社区？是房屋所有人？是外部利益相关方？功能类型是什么？这是私人开发商想要的吗？社区团体想要什么？还是没有人想要这个功能，但它对整个城市有好处（比如一个垃圾处理设施）？另外，该场地是客户拥有的特定地块？包括项目将影响的区域？或者，这个提案可能被作废吗，就像那些以"不要在我家后院"为由反对项目的人主张的那样？这里的每一个问题都涉及一场斗争，而城市设计必须以某种方式进行回应。

　　最好的结果是城市设计过程灵活且适应性强，能够快速适应新的信息、政策安排或财政激励。最坏的情况是，这个设计过程成了一个无止境的反馈循环，在这个循环中，方案被研究得死去活来，但什么结果也没有。有些人的整个职业生涯都在为一个项目制作一系列的城市设计研究和环境影响报告，却在没有任何实施希望之前就退休了。

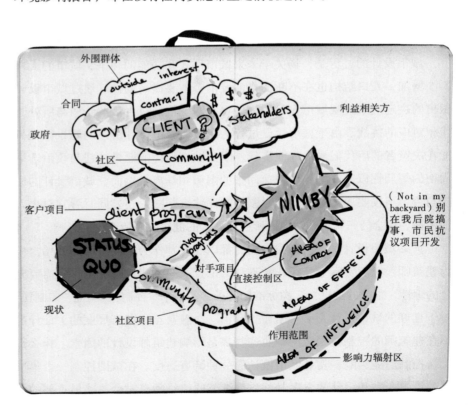

**客户方项目的注意事项**
（来源：亚历山德罗斯·沃什伯恩）

　　　　　　　城市设计的本质——基于纽约在韧性发展上的视角

## 2.1 设计核心问题

　　城市设计过程可分为三个阶段。第一阶段我将其称之为"问题设计"阶段。它从研究现状条件开始，提出一系列问题，并明确决定场地、客户和功能类型的各方力量。第一阶段的目的是正确地陈述问题。第二阶段的目的是为问题设计方案（很明显，再多的人才也无法对错误的问题给出正确的答案，但人类的本性却无法避免地直接跳到方案上）。第三阶段是方案实施。在这个阶段，那些假定的城市设计成果将成为现实。比如规划被采用，规则被制定，改造项目得到资助和建设。如果这些方法成功了，城市将会改变，但这都掌握在其他人手中。因此，可以说随着诸如政策、规划、方案、工程这些设计工具的完成，城市设计师已经完成了他或她的工作。我这样说是为了反驳一个看似合理的谬论：城市设计师设计了建造城市的工具，而不是建造城市本身。

　　城市设计的过程始于提出一系列问题并通过协商得到答案。第一阶段可以叫作城市设计的研究阶段，一般分为观察、分析和表现，它们三者同

行人是审判员
（来源：亚历山德罗斯·沃什伯恩）（左）
行人是审判员
（来源：斯凯·邓肯）（右）

等重要。这项研究可以采取多种形式，可以是一份高水平的研究报告，也可以是一系列非正式的对话交流。城市设计研究并不是中立的，因为和城市设计的其他步骤一样，它是在政治和财政压力下进行的。它首要应该做的是框定问题：到底什么被改变了，它为什么会被改变。因此，城市设计研究可以被看作是对问题的恰当表述。在最佳情况下，它为各类问题提供了一个可靠的工具。

## 城市设计的客户

在城市设计中，客户是真正使用所设计区域的那个主体。客户不一定是买单的人。客户是城市设计师必须为之服务的主体，这个主体是多元的利益相关方，从城市本身到政府实体、私人利益方、非营利组织、社区协会，甚至可能是没有发言权的弱势群体。他们都是在这个过程中拥有不同程度发言权的利益相关方。

### 政府

不论是什么意识形态的政府，都是为了公民的利益而运作的，因此政府显然是城市设计师的重要客户之一。然而，"政府"很难界定，因为任何统治体系通常包括不同的行政层级（至少是国家、地区和地方），并进一步细分为不同的职能部门（环境、交通、公园、规划等），其管辖范围往往重叠，领导者之间的议程经常相互竞争。纽约以其相互竞争的司法管辖权以及混乱的社区、城市、州和联邦权力而闻名。相比之下，新加坡似乎是一个权力体系清晰的典范。

新加坡市区重建局拥有稳定的政治授权、充足的国家资源和塑造城邦国家建成环境的巨大权力。新加坡市区重建局由国家发展部部长领导，是一个内阁级别的组织，负责管理国家最宝贵的资源：国境线内面积不大的土地。市区重建局遵循一项政策原则，即在增加密度的同时增加其境内自然环境的强度和多样性。市区重建局的现任行政长官是吴朗，他曾担任公园部门的部长。市区重建局中包括一个负责提高城市设计和建筑质量的部门，而街道景观则有自己的部门。一些人认为这是一个高效政府的典范，但不知道它是否在其他地方通用。大多数其他城市都有州政府和联邦政府在其之上，可以干预他们的事务。如纽约市，上级政府征收的税收远远超过其对该城市的支出。在新加坡，城市即是国家，就算是历史学家费尔南德·布劳代尔也会称赞这一典范。新加坡为自己的人民提供住房，发展经

新加坡城市模型
（来源：叶蕾碧）

济，并以世界上其他城市无法匹配的执行力来实施其规划。

## 社区组织

我发现，在城市设计中，当地社区组织往往是最有见识的客户。他们规模不大，因此他们清楚成员们的个人需求，当社区团体组织得很好的时候，他们甚至可以对抗政府。在肯尼亚的基贝拉，一个原本被剥夺了权利的社区找到了改变环境的力量，这个社区组织解决了一个政府不愿解决的问题——处理社区污水。因为政府不愿投入卫生基础设施，导致这里垃圾遍地、污水横流。社区组织大家用堆肥机收集垃圾，然后将产生的肥料卖给农民，利用这些利润在以前被污水污染的漫滩上建了一个足球场。

作为城市设计师应该高度重视当地社区组织的参与，同时要明白任何

社区都可能产生一个或多个这样的群体。他们有时相互竞争，相互对立。解析他们的信息，权衡他们的需求，并通过城市设计在社区中达成共识，这和政治一样是艺术。

### 机构

医院、大学以及任何大型组织机构都和其他利益相关方一样有分量。他们被特许经营公益事业，但有明确的自我利益。他们通常会有扩建的诉求，这种要求会在公共空间或建筑密度方面施加压力，同时也会面临邻里的反对。但是这些机构为城市提供了重要公共服务、创造了公共或半公共空间，在设计中应该保留，平衡其诉求。

### 私人开发商

私人开发商往往是变革的推动者。无论是私人房屋的建筑商还是建造大型项目的国际公司，他们都是基于自身或投资者利益，对土地、融资和设计进行统一管理。他们建造的项目可能符合城市的整体利益，也可能未必如此。私人开发商寻求利润最大化，政府的规划机构可以利用这种逐利动机来实现更大的利益。比如，纽约市设计了"开发权转移（Air Rights Transfer）"政策以拯救高线公园，也可以说通过土地政策创造了这个公园。当政府作用失效时，还有社区组织，甚至法院来制衡开发商。

## 城市设计的方案

　　方案实际上是一个项目必须实现的目标清单，是一个规划必须提供的
空间功能清单。利益相关方对方案争论不休，如果城市设计师想成为协调
多方利益的中间人，就有必要了解各方的谈判立场。涉足这些"鲨鱼出没
的水域"可能会对城市设计师接下来的事业造成危险，但方案对城市设计
至关重要。例如，如果一个场地规划了太多的建筑，那么公共空间可能就
太少了。通常情况下，方案中的创收部分（如住房或商业建筑空间）会得
到客户的大力支持，而那些不产生收入的部分（如学校和人行道设施）通
常得到的政治和财政支持要少得多。因为它们要花钱，而且不能立即提供
回报。然而，这些不能立刻产生经济效益的建设对于一个可持续发展的城
市是必不可少的。如果城市设计师不能站出来支持它们，向大家说明这些
非创收要素与每个人的长期利益相关（包括私人开发商），那么关于步行性
和绿网整合的复杂决策很可能会受到冷落。城市设计师的工作是对公共利
益进行合理的维护。

　　在协商这个方案时，城市设计师需要将定性目标与定量问题进行关联
研究。"我们在改变什么？为什么要改变？"是"我们是否应该将一个超市纳
入进来，它应该有多大？"的先决问题。如果我们计划在布朗克斯区划修编
时建设一个区域性的超市，我们一般会在一片停车场后面建一座巨大的单层

建筑。这可能最大程度地带动食品杂货行业的就业，但这会改变社区吗？相反，如果我们的目标是把一片贫瘠的保障性住房和空地变成一个功能复合、收入水平多样、有公交服务的社区，那么建设一个中等规模的食品杂货店，配置有限的地面停车位，让附近没有车的人也能方便使用的做法可以起到"锚点"的作用，提高社区的步行舒适度以激励社区向公交导向发展。

城市设计需要将项目分析过程的参与范围扩大到非专业人士，通过向社区和利益相关方展示方案中设计的实际含义。例如，如果你想让街道功能更好地为行人服务，那就需要空间来引入让步行更有趣的功能。但是路权空间是有限的。宽敞的人行道、干净的小路、健康的树根所需的树坑——这些功能占用了停车场或汽车车道等其他功能的空间。此外，城市设计可以阐明公共空间的核心价值，支持更好的方案选择。接下来，城市设计就可以成为利益相关方进行谈判的平台，在摆出方案的每一个选项并划定战线后，从"想要"协商得出"需要"。但在某些时候，政治进程会对方案做出决定，无论好坏，设计者必须在这些限制中工作。

## 城市设计的场地

场地即项目所在地。对于建筑而言，场地的概念是明确的：场地是一块客户拥有的土地，在其上摆放建筑。但对于以大规模更新为目的的城市设计而言，场地不能局限于所有权所在的地块。城市设计的"选区"比个人客户的场地范围更广，其影响也比特定地块更大。

更新一旦开始，就很难只停留在项目场地控制的范围内。因此城市设计必须预见到更新的程度及其预期影响，无论是立竿见影的影响还是长期显现的影响。这个问题将城市设计项目中场地的定义转译为三个部分：权属范围、研究范围、影响范围[1]。这三个部分的边界必须协商确定。人们会积极参与还是选择"与我无关"的漠视取决于城市设计是否能对他们的土地、社区以及城市带来有利影响。城市设计可以将三种尺度内的设计过程以可视化的方式展示给利益相关方，从而阐明城市设计的改造意图。

权属范围是城市设计过程中对场地最狭义的定义。委托人对区域内土地的合法所有权是界定该区域边界的方式，但在诸多城市设计项目中，仅以这种法律控制的边界作为设计边界的方式很少见。权属范围的运行质量取决于范围内土地利用、基础设施和资源方面的能力。好的决策意味着权属范围里城市设计项目能够完整落地，继而在其他两个更大尺度上可以对所在区域起到变革效果。

在许多情况下，法律意义上的土地所有权并不存在。通过查看里约热内卢贫民窟的棚屋，很容易界定他们的建筑类型，但很难界定土地所有权或租赁权，因为很多贫民窟居民是从早期无产权房东那里租房的。然而，这些居民是城市中的一份子，是城市设计的客户之一，改善贫民窟的健康状况对改善城市的健康至关重要。

考虑到城市用地的相关费用和土地稀缺性，一般的城市设计项目权属范围都控制在几个街区以内。有时，一个城市设计师有机会在整个社区工作，极少数情况下是整个新城市。在新城设计的过程中，这种城市尺度的设计控制在某种程度上会影响整个设计过程。不同于有着多元利益主体的区域，全新的城市面临着"千城一面"的同质风险。

研究范围是更大一级的分析尺度，这个范围是被场内设计改变所影响的区域。通常在城市设计过程中，该区域被称为"研究区域"，并与环境影响报告中的"限制区域"相关。直观地说，研究区域可以被认为是地块所在的社区。当某块土地发生变化时，居民们关心的是这个改变将会如何影响他们的社区。

研究区域的边界应由城市设计方案所带动的各类变化进行界定。如果你不能评估某些环境、经济或社会要素的变化，你可能就不会得到一个合理的研究区域。

**切尔西西区街区的边缘**
（来源：亚历山德罗斯·沃什伯恩）

第三个是影响范围（或影响区域），它一般规模最大，划定也最主观。当城市设计讨论生态影响时，人们可能会认为影响区域应该被视为地球本身。毕竟，我们寻求减少当地碳排放的目的就是在试图影响全球的气候变化。然而，人们应该小心地进行类比。在城市设计中，每件事都与其他一切联系在一起；如果在最大尺度上缺乏优先级分类的准则，即使是经验丰富的城市设计师也会丧失分析能力。

影响区域也可以理解为社区与城市不同基础设施的联系程度。例如，在一块土地（权属区域）上新建一个可支付的低碳住房开发项目可能会对邻近地区（研究区域）产生积极影响，但它将如何影响区域或被区域影响？全区的污水处理能力是多少？开发如何影响流域？它如何映射到交通网络？

影响区域的矛盾之处在于它对不同类型的设施有着不同的地理边界。例如，如果城市设计项目包括一个立体农场[2]，人们可以分析食品供应链的影响，这些供应链远远延伸到社区之外。如果项目位于公交车站附近，一个合适的影响区域可以认为是区域交通系统图的范围。到目前为止，影响区域的划定涉及一些定性关系，从权属区域的变化到更大范围城市系统的影响。

多亏了地理信息系统，我们对影响区域的研究能力得以量化。这对气候变化期间的可持续性和管理城市发展具有显著影响。一个极端的例子是试图从一个项目消耗的所有内容中计算"生态足迹"，从一杯咖啡到一吨混凝土，从而估算项目对地球资源承载能力的影响。气候变化是当今城市面临的最大挑战，而且气候变化的影响范围远远超出了社区，因此，对城市设计过程的评判将越来越多地取决于其在影响区域的运作情况。

在讨论城市设计过程的第二阶段之前，我想最后呼吁一下第一阶段的首要地位。我相信这样一句话：问题陈述不当是最坏、最腐化的谎言。如果一个城市设计师设置了一个错误的问题，他（她）只会得到错误的答案，不管他的愿景多么好，技术多么熟练。

## 2.2 设计解决方案

城市设计中的"方案"表现为城市设计的各种成果：包括引发和引导城市更新及变革的规则、规划设计亦或是建设实施的试点项目。设计方案

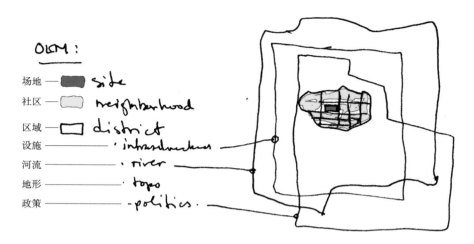

OKM:

场地 —— ■ side
社区 —— ▢ neighborhood
区域 —— ▢ district
设施 ———— · infrastructure
河流 ———— · river
地形 ———— · topo
政策 —— -politics·

**影响范围**
（来源：亚历山德罗斯·
沃什伯恩）

是在与社区持续合作的情况下完成的，并始终承受着来自政治和金融力量的压力。但它涉及的领域远远小于对问题的设计。我们正在试图创造具体的、可操作的成果。设计方案的过程与设计问题的过程相同，都要观察、分析和表达。但在设计方案时，我们还需要遵循法律、发起投票、筹集资金，以及撰写环境影响报告书。

在设计问题和设计方案的过程中，城市设计都要反复一个循环，即"观察"—"分析"—"表达"来传达认识。这种设计循环在艺术界很常见，但只有城市设计的成果会在过程中进行公开审查和投票，进而提高了实施难度并拉长了实施时间。

观察、分析和表达不能分离，它们常常同时发生在同一媒介中。例如，为了观察一个广场，城市设计师也许会画出这个空间。绘画是一种分析的形式，因为细节会被绘画人取舍。由此产生的草图是观察的记录和所知内容的表现。绘画将城市设计师的思维过程转化为其他人可以看懂的草图形式，从而共同探讨改造愿景以及改造原因。

一个完整的观察、分析和表达过程绝不可能只在一张草图中完成。通常情况下，需要数月的数据收集、测量和复杂模型的构建才能产生一个可视化的结果。这个过程是很迷人的，对于一个城市设计师来说还有什么比绘画、思考、交流更有趣？然而，循环过程的重点并不是要拉长这个过程本身，而是要形成一些谨慎的、可付诸行动的设计成果，如法规、规划或项目，从而引发真正的变革。

## 观察

城市设计的第二阶段和第一阶段一样，都是从观察开始的。想要对自己所处之处了解更多的话，观察必将陪伴终生。这也许看起来显而易见，但我们需要确保观察发生在真实场所中。虽然我们可以从互联网上收集到大量关于某个地方的信息，但是没有什么可以代替亲身去那个地方观察。

想要了解人们在一个空间中是如何活动的，观察是首要且最重要的。伟大的纽约城市学家威廉·霍林斯沃思将人们在公共空间的行为作为观察对象，利用定格摄影、手绘草图和现场笔记的方式进行记录。简·雅各布斯仔细观察了她家周围街道上的生活，尤其是她自己与邻居的日常交往，在她的《美国大城市的死与生》一书中，她将称之为"哈德逊街的芭蕾舞"的内容编入目录。扬·盖尔的名言"首先是生活，然后是空间，之后是建

**每个地方都是一个生态的地方**
（来源：亚历山德罗斯·沃什伯恩）

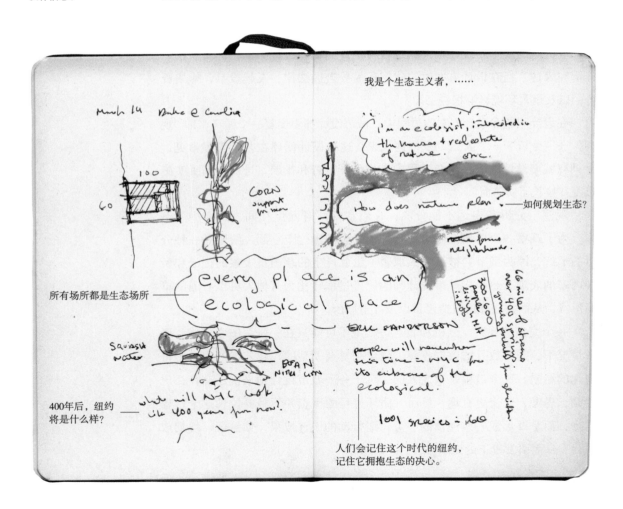

筑"，就是一个有层次的观察方法。

在开始工作之前，城市设计师应该通过步行来感受一个地方。人性化的尺度、地方的历史感和生态性，这些感受只有身在场所之中才能被有效地感知。对一个地方各种印象的总和，甚至是对其命运的一种无法言喻的感觉，被称为"场所精神"。

如果做得好，城市设计不仅仅能延续场所的精髓，还能提升场所品质。城市设计是危险的，因为它可能在改造过程中摧毁场所精神。因此，一个城市设计师有责任在着手设计之前充分了解该地区的场所精神。这是一个相当大的责任，一个城市设计师必须在两个极端——胆怯和冷酷中找到方向、寻求改变。他或她所能做的是，至少在改变某地之前，尝试去充分理解这里的场所精神。

相比教科书，观察与城市相关的自然系统，能让我们更了解自然环境中城市的角色，对自然现象的观察将为设计新一代公共空间提供第一线索。

野生动物保护协会的生物学家埃里克·桑德森称"城市是人类的栖息地"，这与缪尔在图表中描述的其他动物栖息地一样。我们需要观察这些栖息地与自然的关系，比如人们彼此交往并与城市环境互动时的空间，或者城市降雨、暴雨和路面径流情况。

总之，具备敏感性、批判性和持续性的观察是城市设计过程的基石。气候变化的问题将持续增长，城市设计为了适应这种变化将面临前所未有的挑战。我相信，只要我们观察得足够仔细，尝试用新的眼光去观察熟悉的地方，我们一定可以从已有的空间里、从人们的习俗中、从孕育他们的生态中找到解决办法。

观察不是一种被动的活动。它需要进行探究，结合我们记忆中关于某个地方的印象和灵

如果值得记住，那就值得画
（来源：亚历山德罗斯·沃什伯恩）（上）

土地使用审议制度为纽约主要项目的社区投入提供机会
（来源：撒迪·帕沃斯基和埃琳娜·比安科尼）（下）

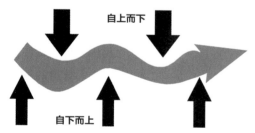

自上而下

自下而上

感进行记录。我认为坐下来画出你看到的东西是观察的最好方法。尽管相机是城市设计师手中的一个重要工具，但过度依赖拍照会使观察者成为纯粹的游客。

根据我的经验，绘画是真正理解空间的最好方法。绘画对于城市设计师来说，就像阅读之于作家，这和你画得多好没有关系。画画这一行为迫使你仔细观察并进行一定程度的批判性思考，以此决定下一条线的位置；画画这一行为迫使你筛选和思考对一个地方来说什么最重要。尽管批判性的能力可能会在潜意识中起作用，至少花时间画画会迫使你去看，通过看而学习。这就是我所说的观察。

如果一个地方值得被记住，那这个空间就值得被测量。测量工具是观察中不可缺少的，当你走过一个广场时，你的步幅就可以帮你测量。这本书的封底有一把尺子可以进行更精确地测量，请去使用它。照相机也是测量设备。如果你知道照片中某个东西的尺寸，比如说建筑立面中的一层楼的高度，你就可以推断出其他大部分的尺寸。

**在城市设计中，尺寸很重要**
（来源：斯凯·邓肯）

我认为尺寸标注是观察的重要组成部分，因为公共场所的成功与否也许取决于人行道的一英尺之差。通过观察你喜爱空间的尺度，你将总结出某些关键共性。然后，当它们在设计过程中因为利益对立而受到挑战时，你可以准备好倡导和捍卫公共空间的正确尺度。

归根结底，你想了解的是空间中的生活。人们喜欢互动，通过与人们交谈，城市设计师获得了许多观察空间的新视角。如果你在画画，害羞也没关系，因为人们总会过来看看你在画什么。

城市设计的过程包含许多对话和交流。这些对话无论是正式的还是非正式的，其目的是让社区参与进来，从而丰富你的设计。纽约市的土地使用审核制度是一种精心设计的合法的对话形式，是简·雅各布斯"自下而上"的运动和罗伯特·摩西（Robert Moses）"自上而下"的管理体制相互反应的衍生产物。直到20世纪60年代，纽约市的城市设计还只停留在表面。真正决定未来城市形态的是一小群人，他们的决策不会将社区考虑进来。罗伯特·摩西是一个权力的掮客，在我的导师丹尼尔·帕特里克·莫伊尼汉（Daniel Patrick Moynihan）的描述下，我脑海中对他的"设计过程"有了一个生动的印象。1956年，莫伊尼汉是纽约州长哈里曼（Harriman）手下的一名年轻助手，他的工作是帮这位大人物拎公文包，并确保包里有苏格兰威士忌，这意味着莫伊尼汉总是在州长身边。他告诉我，摩西和州长通常如何会面：摩西会用铅笔在一个文件袋上写下他想要批准的项目名称，然后交给州长。仅仅是这样。任何进一步的讨论，无论是公开的还是私下的，都是为了作秀。

纽约市目前平衡得很好，是"文件袋"（manila envelope）的升级版，在专制和民粹主义之间有一种平衡。"自下而上"的运动在法律上有权通过土地利用审查制度被政府听见，而"自上而下"的管理体制保留着与规划委员会进行协商决议的权利。摩西对数量的追求和雅各布斯的高品质之间存在着动态张力。我认为这一结果比任何一方单独提出的都要好。但是，这一过程导致了没完没了的会议，利益相关方、社区团体、监管委员会、新闻界、其他机构、宣传团体以及其他任何想被纳入其中的人都可以参与。只要有人没说完他想说的，会议就不会结束。城市设计不仅有助于使你成为一个健谈的人，还有助于让你成为一个耐心的人。

## 视觉表达

城市设计表达是一个传达设计愿景的技能。通常，一个城市的设计理念表现为一系列图纸：平面图、剖面图和草图，并附有摘要文本、法规或指南，以及从行人角度看的透视图和一些实体模型。有些时候，表达也可以是完全文本形式的，比如简·雅各布斯的著作。也可以是虚拟的，利用先进的软件和互联网。一般来说，城市设计主要依靠视觉传达来阐明目标，而语言沟通则是实现目标的关键。

你如何展示你的方案代表了你如何设想你的方案，一个城市设计师应努力做到流畅和清晰。在你的陈述中，用简单的手绘草图来帮助你流畅地表达你的论点比用最新的计算机绘图方法来修饰要好得多。学生们特别容易受到时尚的影响，比如不断修饰他们用电脑绘制的效果图，不管他们是想展示夜总会还是日托中心，都同样使用Photoshop来表现。专业人士在巨大的商业压力下工作，也可能有同样的"装腔作势"。

因为城市设计是漫长的城市建设过程的一部分，评价总会产生在最终成果诞生之前。由于城市设计被评价的不是最终成果，而是表达方式所呈现的内容，所以表现手法的选择在城市设计中是至关重要的。一个建筑评论家可以评判已建成物的优劣，但城市设计评论家评判的是一个设计、法规、规划，很少能评判一个建成的项目。这给项目的表现带来了特殊的压力，一个经验丰富的城市设计师的标志就是他们会将方案缩减到最能清楚表达想法的形式以及论证这些想法的论据上。

与计算机生成的设计相比，绘画的人为因素更易于公众参与，但这两者都是必要的。康尼岛土地利用的区划变更方案：（A）现状照片，（B）覆盖计算机生成的体量的草图，以及（C）计算机生成图形的手工草图

（来源：纽约市城市规划局）

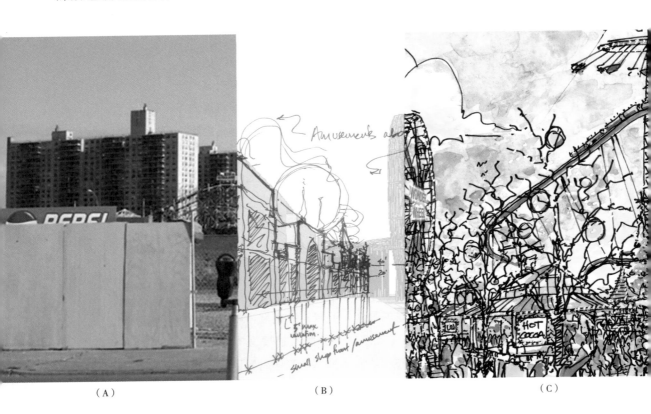

（A）　　　　　　　　　　　（B）　　　　　　　　　　　（C）

城市设计想象力既需要提出正确的问题，也需要找到正确的答案。想象力是每时每刻都需要的，然而每一个富有想象力的决定都会产生实际的影响，就像一滴水产生涟漪一样蔓延开来，需要检查和思考对系统其他部分的影响。

每个城市设计师都有自己的设计想象方式。我发现，我本人的想象是基于对人群、自然模型、基础设施系统的研究，以及在这种研究经验下产生的直觉。将这些元素进一步分析，在设想、草图和与同事的探讨中重新组合，既可以更好地表达城市设计问题，也可以更好地解决当前的问题。也许这最能激发想象力：全神贯注地考虑手头的问题，并在同事的支持下开展实践。

**案例的使用**

城市设计过程中参考的方法、项目等被称为案例。它有可能是一个地方或项目，比如公共广场；但也可以是一个规范或标准，比如用地分类。最好的案例是已建成的那些项目，因为已建成的案例可以开展实地考察，并可以亲自体验。已建成的案例既积累了不断调整的智慧也包含着与周边城市的有效联系，这些联系有助于揭示此项目运作的基础系统。

但是我发现，很多时候案例被用作愿景示意，而未充分研究论证。"这条新街道将成为皇后区的香榭丽舍大道！"一位顾问在谈到法拉盛空地上的建造计划时激动地说道。我更愿意看到，他对香榭丽舍大道的人行道长度、街道宽度、种植模式、公交通道、相邻建筑体量、太阳方位、坡度以及任何其他可比较元素进行批判性分析，以检验香榭丽舍大道的模式是否可以在新街道上发挥作用，我们并不是要取代巴黎。我们可以从香榭丽舍大街的细节，以及拉兰布拉（巴塞罗那）、坎皮多里奥（罗马）、故宫（北京）或世界上任何伟大的公共空间中学到很多东西，而不是假设他们可以重现。

这并不是说人们没有尝试过。彼得大帝把威尼斯作为圣彼得堡的榜样。他不惜一切代价，请来意大利建筑师和昂船工人，疏浚运河，甚至资助歌剧演员，使他的新首都与拉塞雷尼西玛媲美。结果确实是不错的，但它不是威尼斯。拉斯维加斯的大亨们又一次尝试在美国西南部的沙漠中重现威尼斯，他们还试图重现纽约和巴黎的一些地方。

像圣彼得堡那样奢靡，或者像拉斯维加斯这样离奇的极端例子都证

**拉兰布拉，巴塞罗那**
（来源：亚历山德罗斯·沃什伯恩）

**最好的案例是建成的案例**
（来源：亚历山德罗斯·沃什伯恩）

　　　　城市设计的本质——基于纽约在韧性发展上的视角

第2章　城市设计的过程　　069

明，无论你在城市设计上多么努力地复制，你也无法做出一个完美的复制品。当你在另一个地方复制一个设计，你只是移植了一个城市设计，而得不到那个城市设计所拥有的结果。随着时间的推移，这个场所将以其独特的方式发展。这意味着城市设计过程的本质是将案例在地化。例如，高线公园的概念是基于巴黎的绿荫步道得来的，这个项目也将一条废弃的架空铁路线变成了一个线性公园。但这两个线性空间所在街区的发展完全不同。

精确复制城市建筑是徒劳的，这也意味着形式上的创意对城市设计的创造性影响不大。1811年的规划专员们在曼哈顿建设的网格状街道既单调又重复。然而，随着时间的推移，他们的规划发生了变化，尤其是中央公园的嵌入，曼哈顿的规划设计已经发展成为世界上最具活力的城市设计之一。

因此，案例的使用者要小心：你不能通过复制规划来获得成功，但是你可以通过观察和分析找到将案例转化成落地项目的关键。最重要的是在众多案例中找出真正具有参考性的案例，并去参观它们，无论它们是否位于你所在的城市或是在国外。案例不管是好是坏，都无处不在。

在观察和记录的同时，你应该自问这个案例是如何与城市的支撑网络和系统进行连接的？如果你观察克莱斯勒大厦，它是一个伟大的建筑案例，不仅仅是因为它的不锈钢尖顶，更是这个建筑与城市所呈现出的联系。沿着砖砌的立面一直走到三角大厅的入口，向上可以看到天花板上宏伟的壁画，向下你就可以看到一段黑色玄武岩台阶延伸到地铁站。成千上万的人从轨道线上经过、穿行和离开，克莱斯勒大楼就像一棵大树一样扎根在纽约的交通网络中。

案例如何融入街区的社会和环境生态中？新的高线公园因其将本土动植物重新引入曼哈顿的生态环境而备受赞誉。随着新公园社会效应的传播，这里生活的动物还增添了时髦的孔雀，它们在鸽子旁边散步、梳理羽毛。

虽然案例可以用草绘和照片记录下来，其交通网络也可以简略地进行记录，但尺寸特征必须严格观测。随着谷歌地球和三维卫星影像技术的出现，现在可以非常容易地对整体尺寸进行生成、显示和比较。

由于卫星影像的分辨率有限，可能需要现场测量更准确的信息。标尺寸的平面图和场地剖面图，展示了空间如何被使用者分割、如何与周围的建筑、阳光、雨水、风和地形相互作用。可以把一个人以正确尺度放入一个详细的场地剖面图上，了解场地路线和场地秩序。进一步说，如果这个案例对于一个城市设计项目来说很具有参考性，那么可以制作一个三维计算机或物理模型，生成透视图并叠加，以对新方案进行评判和联系比较。

城市设计的目标是带来城市的转变，是建造一座联系今天和未来的桥梁。案例往往是架起这座桥梁的脚手架。对案例的最佳使用是为当下的目标提供临时支持。最终城市设计的成果可能与它的案例几乎没有相似之处。就像拱门与其框架结构一样，即使框架被拿走了，拱门也可以自己立起来。

那么，为什么城市设计如此依赖案例而非个体设计师的艺术创造力呢？答案可能最好用古拉丁语短语"生命短暂，艺术长远①"来回答。艺术是漫长的，生命是短暂的。艺术家的寿命是以年为单位的；而经典的案例却发展了几个世纪。它们的形态反映了一段时间内在城市功能方面所积累的成功经验，它们的尺度记录着无数支撑系统交互的结果。好的案例都经得起时间的考验。

正如数学家和城市理论家尼科斯·萨林加罗斯所指出的，最好的案例往往经历了一个不断积累、随机变化的过程。随着时间的推移，这种变化以任何理性都无法预见的方式增加了系统的复杂性[3]。

尤其对于在时代演变中寻求改变的城市设计，很难预测一个空间的所有使用方式，以及空间如何适应这些新的用途。但是案例经历了漫长而艰难的过程，如果他们成功了，他们将进入伟大的公共场所作品集中。如东京的银座、巴塞罗那的拉兰布拉或者伊斯坦布尔的大集市。它们之所以成为经典案例，既是因为它们的功能作用方式，也是因为它们的特色风貌。它们的形式记录着经过不断细微调整的功能，对当代城市设计师来说更是经验的宝库。

但是在全球变暖期间，过往的案例如何帮助我们解决城市发展中未曾经历的问题？应对全球变暖需要我们彻底反思我们建设城市的方式。案例是城市设计成功（和失败）的记录。问题是如何在减缓和适应全球变暖的过程中确保成功？答案是增加新的变量和新的因素。城市对新功能的适应能力非常强。如果这些新的功能是创造粮食、创造能源或以一种可持续性和韧性的方式利用土地，那么这将创造一个整合这些功能的新框架，同时保护人性尺度的城市活力。

---

① 拉丁语，出自希腊古代大医学家希波克拉底（Hippocrates）。原文为"ars longa，vita brevis"。

## 协作设计

城市设计过程是一种高度社会化、高度协作的艺术。这取决于不同团体之间的合作以及大家都朝着一个目标共同努力的信念，同时还要求我们尊重他人的意见。在城市设计过程中，协作设计主要体现在与政治和金融领域的负责人一起设定目标，在社区开展研讨会，与其他专业人士共同评审，与城市设计相关领域的专家进行跨学科合作。

研讨会是一个紧张的公共工作会议，是一个直接引入社区公众参与的设计方式。有许多方法可以进行研讨会，但最重要的议程是将利益相关方视为客户，向他们介绍城市设计的场地和功能类型。利益相关方在一个引导团队的指导下，经常分成几个小组来讨论方案。在研讨会结束时（一般不到一天），整个小组会重新召集、汇报，并整合其结果。

城市设计师用一系列价值陈述来引导研讨会。进入研讨会时，城市设计师应该做好两个准备：一是确立正确的观点，二是愿意聆听其他人的意见。设计师和社区民众都应该通过研讨会学到东西，并在这个过程中建立信任，城市设计的总体目标是形成共同的价值观，并在设计中明确表达出来。

同行评审为设计增加了专业见解。这是一个协作设计的过程，规划师、设计师和其他城市设计相关工作者聚集在一起，对手头的工作进行评

**面对研讨会成员**
（来源：亚历山德罗斯·
沃什伯恩）

估和改进。在城市规划部门，所有项目都要经过内外部的正式和非正式评审。政策委员会的成员是一群严厉的人，有些人有将近三十年的经验。严格的质询提高了主要内容和报告的质量，帮助项目做足准备来应对现实的紧急情况。

城市设计师的一个重要职能是将众多子系统的需求整合到一个平稳运行的整体系统中——这个系统就是城市。每个子系统，包括社会网络、交通、照明、住房、购物、景观、导视和电力等，都有自己的专家。一般来说，这些专业人员会在设计方案基本确定时才被聘请计算和绘制相关专业的图纸，但对于城市设计师来说，多专业的人员在项目一开始就投入进来更有价值。与其让专业人员在最后做精确的计算，不如他们坐在一起与合作伙伴共同进行总体评估，寻求新的协作。例如，如果一位机械工程师、一位建筑师和一位城市设计师一起开展街道设计，那么这三位设计师可以共同布局街道，优化建筑物朝向，降低西晒时间从而减少建筑对制冷系统的依赖。如果有景观专家在场，也许他们可以决定如何设置立面角度，使其在夏天充当绿墙，或者更好地保留雨水用于灌溉。

协作设计是平衡城市设计结果的重要方式。专业人员被教导在自己的领域把其专业领域的变量最大化。交通工程师关注最短的时间内能通行最大车流；机械工程师寻求用最小的空气流量来保持最稳定的温度。协作设计可以把这些专业人士聚集在一起，让他们看到最大化自己专业的变量可能会降低整个系统的质量和性能。一个交通方案，如果能将车流量提高10%，可能会阻碍100%的行人。我见过一些工程师完全取消了过街设施以便使汽车更容易转弯。如果他们明白改善行人流量是他们工作的一部分，而平衡整体系统是他们的目标，那么城市设计师可以帮忙找到方案。

协作设计这种设计手段远比个人见解更能增强城市设计的智慧。无论参与者是公众、同行还是跨学科工作组，城市设计师应该利用协作设计来形成共同的价值观，这样才能在设计中产生最佳做法。对于一个城市设计师来说，不知道答案从来都不是一件难堪的事，而不去问才是一种失败。

## 一个体现城市设计三个阶段的实践：哈勒姆儿童区城市设计

杰弗里·卡纳达是一名教育工作者，他的目标是结束哈林区的贫困循环。他承诺让哈林区的每个孩子都能够上大学。许多人知道他是由于一部关于教育改革电影——《等待超人》，而他是电影里的主角。他经营着一个叫作"哈勒姆儿童区"的组织。为了兑现他的诺言，他将公共资金和私人融资结合起来，建立了一系列特许学校，他称之为"承诺学院"。这些学校为哈勒姆的孩子提供教育，否则他们可能会辍学。他是一个专注的人，彬彬有礼，但他有野心和动力，迫不及待地想要达到他的目标。当他需要扩建另一所可容纳1300名儿童的学校时，他担心城市设计冗长的过程会拖累他的进程。

2009年11月，卡纳达曾与纽约市住房管理局的负责人会面，该公共机构拥有纽约市数英亩的土地，近50万人住在该区域的公共住房里。这些住房大部分是五十年前罗伯特·摩西在贫民窟清理计划项目中建造的。卡纳达的想法是让公共住房里的孩子也享有上学的权利。

我们的城市设计小组与卡纳达商议，被赋予了一项任务：与纽约市住房管理局和哈勒姆儿童区共同开展规划工作，并为新学校找到一个尽可能有利于社区和邻里的新家。

每个参与者都有着出自自己立场有力的观点。我们必须是在2010年2月的第一个星期前提出一个协商一致的城市设计方案。我们一开始就着手设计了一个问题：改造什么以及为什么要改造？起初，卡纳达认为提出这样一个宽泛的问题是在浪费宝贵的时间，但通过提出这个问题，我们很快就与每个利益相关方达成目标共识。我们对这个公共住房场地做了快速的城市设计研究。我们的场地位于圣尼古拉斯社区（St. Nicholas Houses），它包括了纽约市的四个街区，并在1953年被合并成一个超级街区。这里有13座塔楼，共1417个单元。超级街区的形成阻隔了哈勒姆的第129街，并将住房与周围的社区隔离开来，它已成为黑势力的天堂。超级街区唯一的亮点是其开放中心有一片茂密的树林。

如果我们为1300个孩子设计一所标准的学校，那么只有一个地方足够大：那就是街区中间的这片树林。但这样做不仅会使社区失去树林，学校也会被隔离在住区内，这里就彻底与周围的城市隔离开来。我们需要找到更好的办法，但我们没有太多的时间。

我们建立了一个由利益相关方组成的团队，并与纽约市政厅、社区的租户协会、哈勒姆儿童区以及学校的施工方一起设计了一个具体工作方案。首先是与租户协会会面，然后是与学校的校长会谈，力求制定一个可行方案。我们与租户协会主席威利·梅·刘易斯一起调研了现场，了解人们如何使用这些空间，并与纽约市住房管理局建筑管理部门一起考察了现有建筑的使用情况。我们会见了教会团体、附近的商人和其他城市机构，这些机构将负责关于学校的各类审批，从基础设施审批（雨水排水与交通），到建筑设计审批、融资审批甚至还包括教育标准的审批。

城市设计的本质——基于纽约在韧性发展上的视角

合作
（来源：亚历山德罗斯·沃什伯恩）

杰弗里·卡纳达权衡了各种选择
（来源：赛迪斯·帕夫洛夫斯基）

我们必须让各个利益相关方满意，因为他们都是我们的客户。我们需要一个场地，能够建立一个足够大的学校，这所学校要有课前和课后计划，能够超越K-12的教育限制，惠及从婴儿到退休人员的每个人。

我们将这些客户的目标作为设计条件来"设计问题"：对哈勒姆儿童区来说，要在预算内按时建造一所学校，并与社区紧密结合；对纽约市住房管理局来说，要重新开放超级街区的城市街道，尽量减少建筑物的占地面积以保证开放空间；对城市规划来说，要支持全区更新规划的目标，为该地区带来更多活力和混合功能。

现在我们只有一个月的时间给出答案。我们承诺的成果是一个让各方满意的场地规划，建筑师将接手并使用该规划来设计学校。我们与团队一起画草图，制作模型，与利益相关方反复会面。每张草图都代表着政治资源的投入，因为这个项目现在是市政府的重点任务。学校的每一个设施都会产生直接的资金需求，这些需求会对已经到位的市政资金和私营部门捐赠的资金产生影响。在我们努力满足利益相关方的目标时，设计一直在变化。最后，规划方案顺利出炉。

现在，城市设计进入实施阶段。作为城市设计师，我们的作用仅涉及汇报和修改方案。我们召开了公众会议，并通过图纸交流带领大家前进。当然这其中也有异议，有些还是愤怒的异议。在城市里没有什么事情是容易发生的。反对的声音可能来自街道、体量、成本或其他原因。这些持反对意见的人试图在学校诞生之前就扼杀它。在听证会上，有人大声反对，但家长和学生迫切希望项目通过审批，这样就能在自己的社区里拥有一所好学校，他们的呼声最终战胜了根深蒂固的利益集团。唯一剩下的事情就是填补预算缺口。市政府无法提供更多资金，所以卡纳达向他的董事会和其他渠道寻求帮助。在几个星期内，他从谷歌、高盛和该市一些最富有的慈善家那里筹集了数百万美元。

我们打通了第129街，将学校与城市的街道网格连接起来，并沿街布置了新的树木和长椅。我们让新学校紧挨着新街道，带来一千只新的"街道之眼"，这将消除黑社会对公共空间的影响。我们保留了中央的大部分树木，这片树林将不但成为本地居民的休闲空间，也作为了学校的景观背景。

在破土动工时，我们体会到了一种成功的感觉。我们没有站在讲台上，没有被叫出名字，但铁锹正在实现我们的目标，即我们从客户、利益相关方那里提炼出来的目标：在一个拥有公共住房的超级街区里打通一条城市街道。在这条街道上设置一所学校，使孩子们与他们的城市重新联系起来。这一简单的城市设计行为表明，公共住房的孤立性已经成为过去。施工按计划进行，卡纳达对城市设计的过程表示满意。

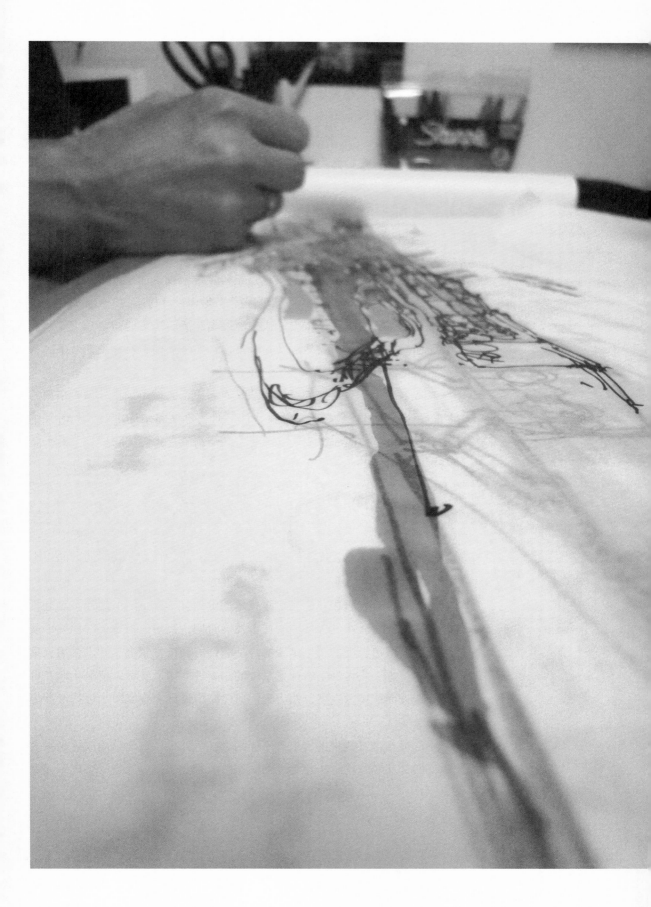

## 2.3 实施设计方案

城市设计的实施阶段本质上是对城市设计设想或愿景的一系列检验。这些检验来自社区、市场、政府或其他设计师。如果政治、资金和设计之间找到了契合点，这个项目就通过了检验；如果不通过，则需要重新开始。因此，城市设计师们总在追赶政治和经济的变化。在设计科尼岛再开发的总体规划时，我们必须不断修改图纸以反映土地拥有者和城市之间谈判的不断变化。每一次协商都可能产生一个新的设计，一个新的功能类型。城市设计必须不断的修改以适应变化，否则项目就没有希望得到实施。

任何城市设计的成果都需要通过检验才能实现，简单如草图，复杂如拟定的法规、规划或项目的环境影响报告。城市设计检验的关键是理解"城市转变"的不确定性。城市设计成果所要实现的转变可能需要几十年才能实现，而且可能是不可逆转的。在城市设计实施之前，对其预期效果进行检验是至关重要的。

检验有多种形式。最简单的方法是在考虑新的城市设计政策时采用的"防止最坏的，追求最好的"分析方法。哈德逊铁路站场重新规划时采纳的"塔顶规范"（Tower-Top Rule）就是一个例子。我们重新规划了八个新的摩天大楼，有些比帝国大厦还高。这些新建筑将对曼哈顿的天际线产生重大影响。我们想防止最坏的情况发生，即塔顶均是同样的平顶，都在屋顶布局空调系统。我们还想追求最好的，设计当今世界上最具表现力的形态。在提交给规划委员会之前，我们尝试了数百个塔顶方案。最终方案通过了检验，并成为法律。然而，这个计划可能需要几十年的时间才能完全建成，并在现实世界可以进一步检验我们的规范。

在城市设计过程中，还有更多技术性的检验形式，从房地产报表分析到环境影响报告。在气候变化的城市发展时期，我相信最重要的检验手段取决于一个城市设计的成果是否在可持续性方面产生重大影响。在第五章中，我们将进一步讨论生态计量系统的必要性。该系统可以衡量我们在可持续发展方面取得的进展，并为我们通过城市设计实现城市的可持续性提供指导。

不同城市设计成果的实施有不同的方式。如果城市设计的成果是一套法规，那么其实施就意味着法规的颁布并执行。如果成果是一个规划，那么实施意味着采用规划。如果成果是试点建设项目，那么实施就意味着工程建设。如果城市设计师只扮演设计者的角色，那么实施就很少掌握在他或她手中。更确切地说，城市设计过程的实施依赖于政治和金融的力量。你可以制定一个规划，但要想让它付诸实施，你需要政治权力和金融资金。

作为一名城市设计师，你相信你画的东西会影响市民们的生活质量。你充满激情，相信设计可以为避免全球变暖提供新的方案，达成"碳中和"，建设节能城市。无论这个想法有多好，如果没有政治意愿或者资金支持，都不会付诸实施。

每一类城市设计成果实施的障碍是不同的。一个规划需要一些政治引导才能被采纳，但最终，它只是一个规划。没人必须坚持这项规划。然而，一项法规需要更多的政治支持。如果实施，它将获得法律强制执行权，并拥有背后管理机构的支持。法规（比如限制你能建造多少或多高）是不容易通过的。每一条法规都会影响一个人口袋里的钱。俗话说"勿以善小而不为，勿以恶小而为之"。实施一项法规意味着要弄清如何让选民满意。切尔西西区街区更新规划的开发权转移是一个巧妙的例子，它通过城市设计法规来取得经济利益和政府批准，以建造一些大大改善市民生活的东西。但是，实施一个实际的建设项目，如建设高线公园，则完全是另一种成就。为了实现一项法规，你只需要在投票（使其成为一条法律）的那一刻协调好政治、金融和设计。而为了实施一个项目，你必须保持这三个方面的协调性直到它投入建设，这可能需要几十年的时间。这就是为什么真正具有变革性的项目如此罕见。协调政治、金融和设计听起来像是欧几里得几何学中的一道题，但实际上它更像是把三只想出去的猫塞进一个袋子里。

## 政治

政治的决策过程是通过政府的行动影响城市设计，从国家税收政策到地方建筑许可。这种影响的公开度因国家而异。新加坡将城市发展列为国家的首要任务，并利用各种沟通手段阐明政策。美国联邦政府则假装对规划采取自由放任的态度。美国没有公开的国家发展政策，只有一系列看似无关的政策，如清洁煤的资金筹措、低汽油税和住房抵押贷款利息扣除的政策，这些政策叠加在一起大大推动了郊区化。有人把这种由各种政策所构成的净效应称为"隐藏"政策。

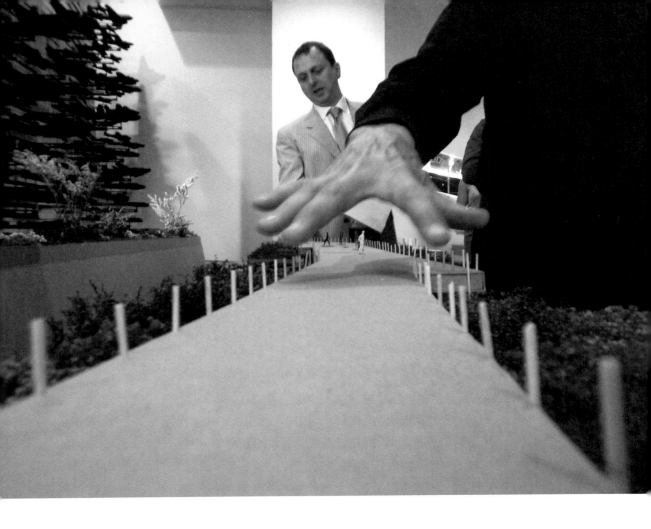

**城市设计师必须了解金融、政治以及设计**
（来源：亚历山德罗斯·沃什伯恩）

在美国，城市设计的实施面临着区域政治缺位的问题。纽约州、新泽西州和康涅狄格州是构成一个区域的三个州，但它们的治理水平不同。那里有联邦政府和州政府，但在三个州没有一个同步运作、有权征税和为公共利益而行动的实体。因此，如流域管理和铁路运输等的区域决策，被看作是参与者的善意，而不是政治成功的体现。

当你从城市层面进入社区层面，政治变得越来越私人化。在哈勒姆区儿童组织宣讲会上尖叫的人都是那里的居民。这种情绪是真实的，可以理解，因为该项目将改变他们的生活，影响他们的生计。站在房间里被人大喊大叫是很难熬的，但城市设计师不妨习惯一下。正如我的老板阿曼达·伯顿所说，我们的工作需要"吃几颗西红柿（缓和一下情绪）"。有时候，缓和情绪是获得理解和达成一致的第一步。

从联邦政策到区域项目再到地方审批，城市设计实施过程中的每一步都需要政治上的批准。设计一个既能得到批准又能改善市民生活的项目，不管它是繁复的还是简洁的，都是城市设计师工作的一部分。它与设计关系不大。这是政治，纯粹而简单。

**金融**

实施同样需要城市设计项目的资金到位。仅仅集结政治力量是不够的，该项目必须有市场价值，或者在得到政治批准时获得补贴。补贴可以采取强制或激励的形式，"大棒与胡萝卜"恩威并施的政策，但政府资金很少能支撑整个街区的改造。然而，城市设计的目标不是完成改造，而是启动改造。在开始阶段资金的需求量相对较少。

**巴西库里蒂巴的快速公交**

（来源：马里奥罗贝托·杜兰·奥尔蒂斯的照片。通过维基共享资源）

城市设计师最不可或缺的是估算货币的时间价值。未来一连串租金在今天的价值是多少？这取决于"门槛回报率"——在类似的风险水平下，你的钱在其他地方可能得到的回报。这包括假设的通胀，以及其他一些细微因素。就城市设计而言，门槛回报率是一种决定建造一座建筑是否有价值的指标。

　　在金融领域，风险和回报是联系在一起的。高回报率可能表明潜在风险也很高。购买股票可能是投机行为，甚至债券也可能失去价值。人们可能会误判市场，楼房也可能空置。金融业的风险是无穷无尽的，我们总是错误地给风险定价，重复着繁荣和萧条的循环。

　　但建筑有着持久的吸引力，当高回报率发挥作用时，建筑就会成倍建设，城市也会不断地增长。当我们过度建设时，市场就会出来修正，或像最近的大衰退一样，世界各国政府都会组织财政援助。

　　我之所以关注风险，是因为在城市设计过程中，人们对风险的理解还不够深入。正如我们将在第5章中看到的，风险是可持续性问题的核心，城市设计师如果不理解概率和后果之间的关系，就会无意中增加城市气候变化的风险。正如《纽约时报》的汤姆·弗里德曼喜欢说的那样，"大自然不会拯救我们"。我们最好在寻求更高的房地产回报时计算清楚所承担气候变化的风险，因为这是不可逆的。

　　为了追求更高的回报，我们常常在建设城市时尽可能地节约成本。建设高速公路比地铁便宜；购买效率较低的供暖系统可以降低成本，但在运行中会消耗更多的能源；隔热层少的墙比隔热层多的墙便宜。这些金融决策都会增加温室气体的排放。在计算收益时，我们忽略了这些碳排放；从技术上讲，我们把它们视为金融计算公式之外的因素了。

　　虽然将这些成本视为外部因素可以提高收益，但它隐藏了更高的风险。这应该是一个警告，因为以高回报换取更高的风险是不划算的。我们需要转向成本效益分析，所考虑的要素要和其他重大项目一样，尽可能的广泛全面。如果成功的话，一个可持续的城市设计金融体系会对环境、经济乃至全社会给予回报，产生成倍的积极影响。开发这样一个系统，我们还有很长的路要走。就目前而言，城市设计的实施还在依靠传统的盈亏金融计算模式。

## 设计

　　这本书整体而言是一篇关于设计的专著，但设计与政治、金融较量时，教训是显著的。在政治、金融、设计三大必须统筹协调以改变城市的力量中，设计总是最弱的。因此，一个城市设计师必须把握时机。联合更大的力量来实现你的目标，但要对环境的变化具有敏感性。一个世纪前，查尔斯·麦金在城市设计中"翻山倒海"，改造了华盛顿特区的国家购物中心，但他没有意识到，当他的政治恩人去世时，他的设计生涯也就结束了。在他的规划被采纳后的几年里，他将剩余的健康和政治资本浪费在了与美国新任农业部部长的斗争中，这位傲慢的部长只是想将他的总部设在麦金所设计的购物中心旁边。麦金在惨败和冷落中去世，他忘了遵循他自己的格言："记住初心，你可以妥协其他任何事"。国家购物中心的精髓随着时间的推移已经显露出来，而美国农业部大楼却逐渐淡出了人们的视线。这个空间也实现了麦金的初衷：美国最伟大的集会场所。

　　任何精通政治、金融和设计的人都可以成为一名城市设计师，但当一个人同时达到这三个领域重叠的顶峰时会发生什么呢？他或她能以惊人的广度和速度改变城市。巴西库里蒂巴市前市长杰米·勒纳就是其中之一。他是政治家、金融家、设计师、自上而下的执行官和自下而上的活动家。在他的一生中，能够塑造一座城市的所有职业他都经历了。他出色而迅速地改变了城市原来的状况，将他的家乡库里蒂巴改造成南美洲最宜居、最可持续和发展最快的城市之一。因此，我认为他是当今世界上最伟大的城市设计师之一。他于1965年获得建筑和城市规划学位，在1971—1992年间三次担任库里蒂巴市市长。担任市长时，他认为自己有责任成为城市的首席设计官。他用极有创意的手段建立了一个公园网络，将市政服务延伸到街坊，用快速公交系统将城市编织在一起。很少有人能够迅速地改变一个城市，快到能够看到自己的作品被建成，在市民繁忙的日常生活中验证自己的愿景。而杰米·勒纳就是其中之一。但政治权力是转瞬即逝的，他在城市设计上的成就带有一丝怀旧之情。他现在不再是市长而是顾问了，他喜欢开玩笑说："我曾是我自己最好的客户。"

## 2.4 城市设计中的价值

我们说城市设计的过程是复杂的、重复的、沉浸式的。如果你经历过几次，你可能会说这个过程令人发狂、没完没了、毫无理性。也许这不是一个理想的过程，但它在古代雅典时期之前就一直顽固地存在着，而且我相信，这一进程在遥远的将来会继续存在，因为人类的本性会为我们所关心的东西而战斗，而我们关心我们的城市。

在这一章的结尾，我想从城市设计过程的不足中退一步，转而考虑城市设计过程下潜藏的价值观：一种指导城市设计师的全过程观点。

在城市设计的过程中，你是如何做出选择的？例如，规划一所学校、一个工厂或一个海滨公园会更好吗？如果这家工厂产生了大量的碳排放，但却给社区带来好工作，那会怎么样？这些是嵌套在项目中的各种选择。它们是很艰难的选择，城市设计师的职责也不是单方面地做出选择，而是把它们形象化，在更大的蓝图中说明后果，让客户和社区做出选择。

当今最大的挑战是气候变化，而应对这一挑战是城市设计的首要任务。更重要的是，城市应对气候变化的目标是实现可持续发展。为了可持续发展，一个城市需要有吸引力；要有吸引力，城市就必须提供好的就业机会。如果一个城市没有就业机会，它是否有碳排放就变得无关紧要，因为这里将迟早没有居民。社会凝聚力对于可持续性也是必要的。一个没有正义的城市并不比一个没有工作的城市好多少。那样的城市将只是一个工作营地，与那些人们喜欢居住的城市相比，它是不可持续的。

城市设计过程不能解决这些复杂的社会、经济和环境问题。但是它可以帮助社区设想一个社会、经济和环境需求得到平衡和满足的理想未来，有助于引导城市的转变。最重要的是，它可以阐明维持转变所需的公民意识，如谨慎、节俭和创造力。

如果我们不使城市适应气候变化的影响，减少碳排放，并利用可再生资源代替正在消耗的资源，那么我们将破坏城市生活方式，不管我们给城市投入了多少正义、财富或美丽。首要也是最重要的一点是，城市设计过程应针对气候变化作出响应，三重底线中的环境因素是最重要的。如果真的要建一个工厂，那么就让我们发挥创造性，减少碳排放，使它可持续发展。

那么社会正义呢？世界银行在其2009年发布的《世界发展报告》中指

出，将经济密度和多样性集中在城市中可以促进经济发展。然而，经济发展也导致社会差距的扩大。世界银行得出的结论是，城市必须将解决这些不平衡作为其增长战略的一部分，尤其是使城市适应气候变化，以此保护更易受到气候变化影响的贫困人口。

因此，当三重底线计算应用于城市设计时，环境是第一位的；它本身不是目的，而是实现城市可持续发展这一社会和经济目标的手段。城市设计的最终目的是改善市民生活。每一代城市设计师都必须判断对市民生活最大的挑战是什么，并确保城市设计首先解决这个问题。

要通过城市设计过程的复杂性推进一系列价值观，就需要建立一个统一的视角。"视角"不仅仅是城市设计中的一种修辞手法。由于城市设计过程本质上是一个视觉化的过程，所以必须有一个视角来形象地表达想法；这个视角使其他人能够看到城市设计师所看到的。

不同的视角适用于不同的价值体系。鸟瞰的视角对于那些促进秩序而不是体验的系统来说是很有效的。如果一个社会的主要价值取向是促进车辆的流动性时，那么驾驶员的视角很有效。对于驾驶员来说，视线、转弯半径和停车位的空间需求主导了公共领域的设计决策。从这个视角来看，人性尺度和便利体验会随着汽车行驶的速度和距离而逐渐扭曲。

不同视角的需求常常是冲突的，他们所代表的价值体系也是如此。驾驶员的视角往往与行人的视角不一致。如果一条路拓宽到八车道来使汽车通行，行人过马路就没那么容易了。城市设计师必须问：使汽车通行和使人通行哪个更重要？

我认为以人为本是最重要的。尊重环境、经济和社会的最佳体现就是采用可持续、体验式和以人为本的视角。以人为本囊括了所有，是人道主义的，因为它把每一个决定都放在人眼的高度。街道是公共的，服务于所有人，因此这个视角的前提是对社会公平的关注，每个人都有权享受公共空间的便利。以人为本的视角是可持续的，它突出了步行的巨大减碳作用，给了我们首要的、最好的希望，即相信城市可以应对气候变化。在气候变化加剧的时代，城市设计的最佳视角就是以人为本。

人的视角还促使我们对大小规模的决策进行量化。通过人的视角，城市设计师可以评估从街道家具到基础设施的一切事物。这一观点可以让人们进行全方位的分析，比如看在城市之间乘火车（而不是乘飞机或开车）是否更快、更便宜、更可持续。大量复杂的基础设施决策可以通过运用行人的视

**绘制和重绘**
（来源：亚历山德罗斯·沃什伯恩）

角来提升系统效率。

最后，来自纽约的我觉得很奇怪，字典里对"步行"（Pedestrian）的定义是"平常的"。在纽约的街道上，步行意味着"绝妙的"。从辛纳屈到Jay-Z，明星们都写过关于纽约街道的歌。世上几乎没有什么经历能像夏日傍晚漫步在纽约街头那样令人兴奋了。美妙的步行体验既适用于世界闻名的地区，也适用于偏僻的街区。我在洛克菲勒中心的第五大道和皇后区杰克逊高地的第37大道都感受到了这种兴奋，能成为公共空间中拥挤、多样、民主人群中的一员是一件光荣的事。我喜欢纽约市的街道，我的价值就是通过自己的每一次城市设计行动使它们变得越来越好。

城市设计过程中价值观的表达需要运用判断力。判断需要一致的视角。无论我在某一时刻感到城市设计过程有多么疯狂、没完没了，多么不理性，我都可以用正确的价值观和视角来克服它。我的视角是以人为本的视角，我的价值观是城市发展和市民生活改善所带来的谨慎、简朴和创造力。但在城市设计过程中，我的价值观无关紧要，重要的是，让社区的视角一致并根据共同的价值观采取行动，这种能力可以改变城市，甚至将进一步改变世界。

这座城市永远不会完工，中国香港的景色
（来源：亚历山德罗斯·沃什伯恩）

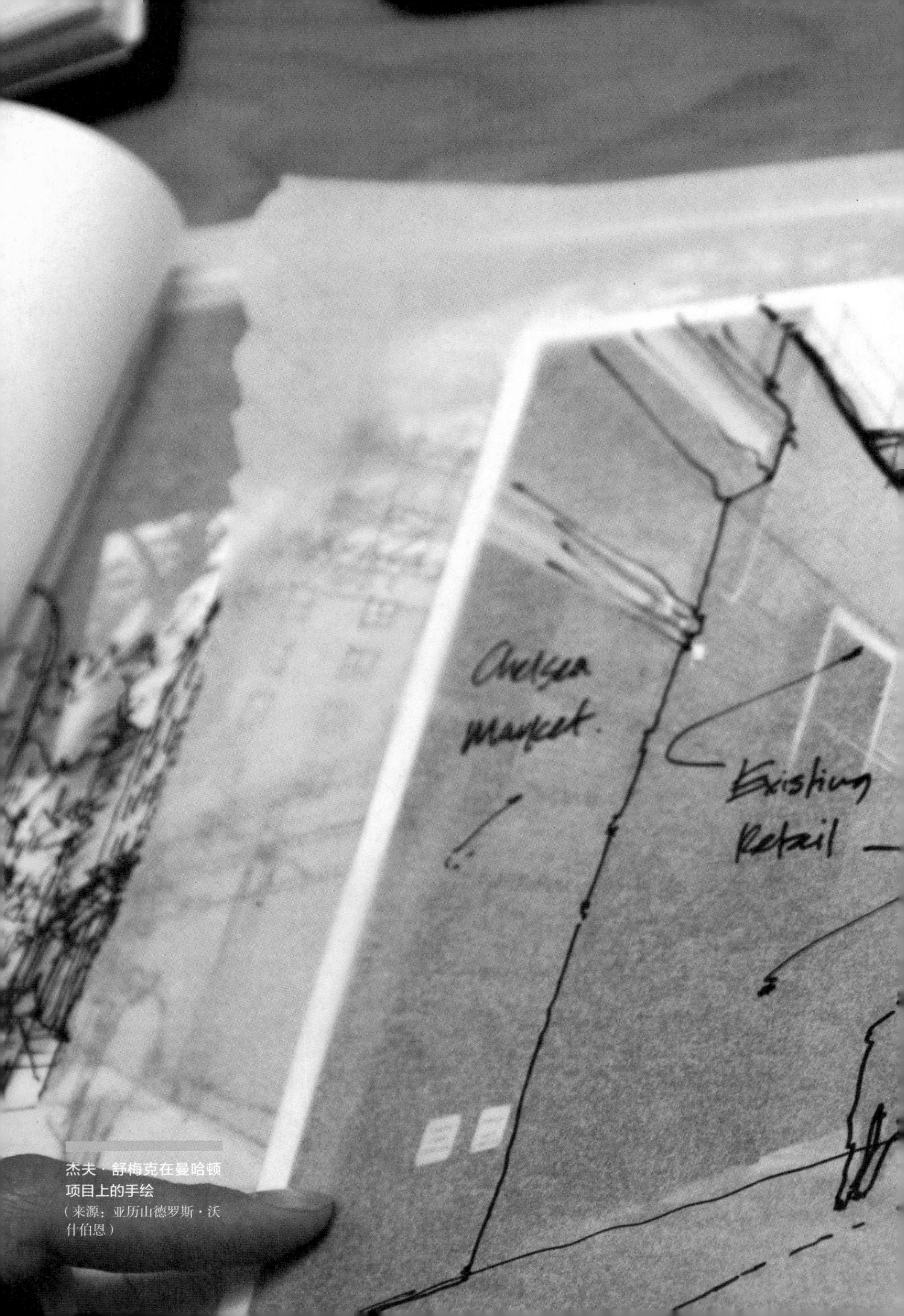

杰夫·舒梅克在曼哈顿
项目上的手绘
（来源：亚历山德罗斯·沃
什伯恩）

Hou Houses.

tail + New Residential.

top (2 stories)

位于曼哈顿市中心第52街的佩利公园很小，几乎是隐蔽的，但它的瀑布和槐树林能够让你立刻安静下来，我的女儿莱莉娅被迷住了
（来源：亚历山德罗斯·沃什伯恩）

# 第3章
# 城市设计的成果

城市设计是建造城市的
工具，城市设计并不建
造城市本身
（来源：亚历山德罗斯·沃
什伯恩）

城市设计的成果就像游戏规则的改变者，为城市的发展开辟了新的途径。"城市是由城市设计师创造的"这种说法其实是一种误解，城市设计师并没有创造城市。他们创造的是引导城市变革的工具——规则、规划和实施项目。

城市设计的过程可能让人觉得永无止境，但成果必须经过慎重考虑，且可操作性强，其目的就是要改变现状。正如在上一章所看到的哈莱姆儿童区的案例，在这个过程中的每一个阶段，城市设计都是其成功的关键。这些成果可能是规则［比如对区划条例（Zoning Code）的修改］，又可能是规划和设计方案的结合（比如圣尼古拉斯住宅区的共识性总体规划），还可能是工程建设本身（即新学校和新街道，它们从物质空间上改变了周围的区域）。

城市设计在城市的所有尺度上运作。请记住，城市设计所设计的是建设城市的工具，而不是建设城市本身。将建设城市本身作为一个城市设计项目，有陷入无限循环的危险，它要么导致新的城市"千城一面"，要么导致现有城市无法得到改变。

在城市设计中，一切都是相互关联的，没有任何一个设计师能够自命不凡地假装自己的设计包罗万象。相反，一个城市设计师必须承认并认识到城市设计的成果是城市更新链条中的某一环节，即使这个设计师离开后很久，这个链条也将继续下去，一个健康的城市永远不会停止更新的脚步。

在第2章中概述了城市设计的过程，对城市发展中的"变革"（transformation）和"沿袭"（repetition）进行了区分。"变革"是指在政治、财政、设计上达成共识，改变游戏规则，建立新的逻辑，无论是一个小区还是整个城市，这种情况是突破性的，是相对罕见的。"沿袭"是指用一套方法逻辑进行建设，不需要进一步改变规则，只需要遵守规则。在纽约，我们把这种建设称为"依法建设"。如果你的设计遵守现有的区划条例和建筑规范，你就有权建造，任何人都无权阻止你或强迫你改变设计。按规范设计的项目不算是城市设计，尽管它们的设计者需要理解城市设计的意图，以正确阐明和遵守规则。

城市发展的历史上有过各种规则的呈现，其中一个极端是巴洛克式的城市。巴洛克城市由一个中央权威机构布局，精心设计的街道规划附带着非常严格的准则。随着时间的推移，城市各个部分按照一套自上而下的准则建设起来，以达到所设计的效果。华盛顿特区也是这样一座以规则建设的城市，在规划的两个世纪后，仍在不断地按照规则填充其最初的方案。

另一个极端是分形城市（自由生长的城市）。在分形城市中，没有那么多明显的秩序，它可能会显得有些混乱。纽约是一个分形城市，每个地块的建设都是在不同时期、规则、资金和技术条件下发生的，最终形成了曼哈顿的摩天大楼森林。每一个项目都像鸟儿落在电线上一样，会改变现有平衡，影响下一个项目。每一步城市建设都需要进行城市设计。因此，城市设计所带来的变革效果可以从多个尺度上体现出来：从单个地块到整个城市的布局。分形城市的柔性以及它面对变化的适应性，使城市设计非常重视研究和发觉现状运行下的潜在问题。重新分析现状，提出设计提升的目标，使新规则与城市的发展目标相契合是城市设计的使命。如果你对比纽约不同时期的区划，你可以看到其内容越来越细化[1]。区划条例是一份不断生长的文件，能够随着城市的发展而随时改变和调整。

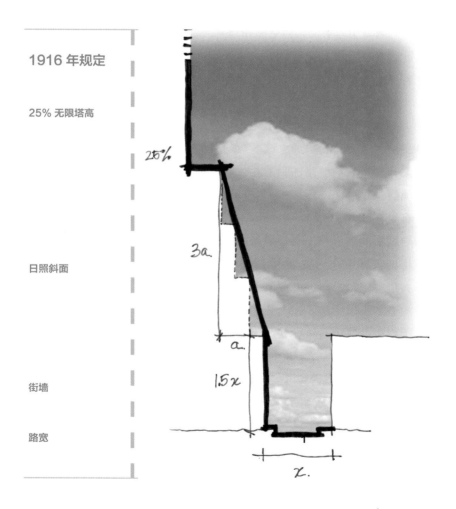

单层建筑面积不超过地块面积的25%时，其上的塔楼不限制高度

# 3.1　城市设计的成果：规则（RULES）

城市设计所制定的规则因城市规模和其自身城市情况的差异而不同。城市政策是最宏观且最抽象的规则，建筑法规是最具体的规则，而最常见的与城市设计相关的规则（区划）通常在城市和社区的范围内施行。每一种尺度下城市设计所制定的规则都可以改变城市的公共特征，甚至对建筑物的相关规定也可以影响建筑之间的公共空间特征。

## 政策

政策是高层政府制定的一套政治指引，为政府的具体方案执行提供框架。例如，一个政府的一项财政政策将有助于推进其行政部门的行动，并协调数以千计的税法条文，以便政府在借贷、支出和税收方面的具体行动中不会与政策中政府的总体意图相悖。

一个政策想要得以存续，必须受到大家欢迎。在民主制度下，这通常意味着每个人都要有所得（至少是大多数人）。2007年以前，地球上只有不到一半的人住在城市。现在，这种情况已经发生了变化，城市人口已经占了绝大多数。如今在全球城市化的潮流中，城市设计将会被视为公共政策得到更多的公开讨论。如果该政策的目的是使城市可持续发展，那么当个别方案与城市设计政策的目的相悖时，就需要重新判断、纠正、甚至停止这个项目。

联邦一级的城市政策是最宏观的城市设计导则。这个政策在宏观层面指导城市的发展和形态，以帮助实现国家目标。荷兰制定了联邦城市政策，将四大城市合为一个大区域——兰德斯塔德（Randstad）统筹发展，并将人造空间与自然的开放空间和开阔水面相融合。美国对全国性的城市政策的概念不以为然。在上一代城市的发展中，贫穷使城市四分五裂，由此应运而生的城市政策，如今仍然被许多人视为福利的代名词。南方一位国会议员称纽约市为"废弃物的黑洞"，是为了迎合本地的郊区选民。实际上，纽约市并不是黑洞，这与这位议员的所在选区正好相反。它为联邦政府创造的收入比它得到的政府援助多出数十亿美元，我之所以在城市设计的背景下，提到这种政治诽谤，是因为我们必须正视城市在国家经济健康中的重要作用了。一个城市设计师必须了解这个城市的财政状况。城市赚钱，国家花钱。城市设计为国家提供了许多应对各种挑战的方法，从经济发展到节约能源再到土地保护。只有在联邦层面的城市政策支持城市设计的前提下，这些方法才能在全国范围内发展。

每个国家都有自己的财政政策，但很少有国家有城市设计政策。新加坡由于土地供应量有限且需求旺盛，为了城市发展只能有意识地思考、选择和实施一系列的城市设计策略，将这个城市从东南亚的热带雨林逐步转变为现代化的大都市。新加坡每一轮政策的目标，都是将这座海岛改造成更集约更生态的城市化区域。当前的政策包括增加透水面积和种植面积，以提高海岛的抗旱、抗洪、抗热能力。中央政府利用政策协调一切可以利用的工具来完成此目标，并且每五年更新一次总体规划以反映进展情况并对接新的需求。

很多政策表面虽未明言，却能引起城市设计的巨大变革。在联邦公路时代，美国没有官方的城市设计政策，而是将城市形态问题交给自由市场。在这种表面平和的背后，其实存在着政府积极推动郊区发展的"隐性"政策。这些隐性政策使看似不相关的项目指向同样的结果。比如，联邦对二战老兵的房屋抵押贷款补贴政策与其对高速公路的资助政策相叠加后，实际上促进了郊区化。

城市政策是一个重大的课题，从古至今一直吸引着伟大的思想家。它同样也是一些城市设计师的课题。那些有天赋将政府计划形象化的人、那些热衷于立法过程的人以及那些对随之而来的相关争论有兴趣的人，会发现政策可以设计出一些无法预料、却能产生深远影响的城市变革。

## 规则的基础

如果你有权力，那么最简单的城市设计成果就是规则，也被称为规范或者法规，比如一个建筑设计的规范。古代城市设计规则的一个例子是"任何街道都不得比一头驴的载重宽度更窄"。将这一规则应用于整个城市，有利于全体民众，确保城市的任何部分都可以顺利通行。这个规则改变了当时的现状：太过紧密的房屋限制了商业和交流，隔离了社区中的某些街区。这就是一个很好的规则，今天在希腊的九头蛇岛上仍然有效。

当今世界的规则已经多了起来，其中很多规则已经走向全球。比如纽约市的建筑规范现在就是以国际建筑规范为基础的。人们正在对各国的能源规范进行比较，甚至有可能会推出一个国际通用的能效标准。但在不同地区对规范的解释仍然不同。

现代城市规则的制定可以追溯到1667年伦敦的《城市重建法案》，该法案是为了应对1666年的伦敦大火后的城市重建而制定的。《城市重建法案》规定了砖石建筑结构、最小街道宽度、沿泰晤士河40英尺的禁建带（以提供随时可以使用的消防用水）以及建筑类型清单和建筑之间防火隔墙的相应厚度。

19世纪，当人们清楚地认识到可以通过改变建筑环境来防止传染病的传播。在发明大众运输工具之前，城市人口越发密集，这些规定是安全地承载前所未有的城市人口的唯一方法。曼哈顿下东区曾被认为是历史上最密集的居住区，最密集的地块有2200人挤在最廉价的建筑中。改革者们在1867年推动通过了第一部《公寓法》，强制要求每栋楼房都要有厕所，并和城市下水系统连接。

在消防规范的基础上，水暖规范、卫生规范和住宅建筑规范也陆续加入进来，以确保19世纪市民得到最起码的光照、空气、自来水和排污服务。19世纪以卫生为基础的规范使城市免于自身密度带来的生命威胁。20世纪如何塑造密度成为一系列规划的主题：区划应运而生。

## 区划

区划是一种基于地图的建筑管理制度，目标是控制城市建设，以达到理想的密度和土地使用模式。区划制度最初是由卡尔斯鲁厄的莱因哈德·鲍迈斯特教授在19世纪70年代提出的，1891年成功应用于德国大城市法兰克福。该区划系统的工作原理是根据功能对建筑物进行分类，如住宅、工厂和混合用途，并综合考虑密度、高度、地块覆盖率和日照角度等因素。其基本原则是，城市最核心的区域应该是最密集的、建筑物的檐口高度应大于街道的宽度、街区的建筑是几乎实心的（内部的庭院可以为内部房间提供采光和通风）、所有用途都被允许。在核心区之外的区域中，密度逐渐降低，允许的建筑高度变得更低，对开敞空间的面积要求变得更高，功能的混合度逐渐降低，开始按主体功能划分区域。在这样的规则下，一个密度较低的"乡村区域"包围了城市。

这种制度既促成了高度复杂的管控体系，也使得德国建筑官员在颁发建筑许可证的过程中，能够用策略和强制的方式精确控制新建建筑。

**仰望曼哈顿公平大厦**
（来源：亚历山德罗斯·
沃什伯恩）

德国的制度的监管相当复杂，需要一个"大政府"来执行。这和美国的市场经济精神有很大不同，特别是对于20世纪初华尔街的金融家们来说，似乎很让他们厌恶。很讽刺的是，对于城市设计来说，最终竟然是代表市场的华尔街作为催化剂将德国的区划形式引入了美国。

你可以说，这个问题始于一场盗窃阳光和新鲜空气的罪行。当公平保险公司在金融区建起一栋538英尺（约163.98米）高的建筑时，为了最大限度地利用他们宝贵的地产地块，开发商决定不做建筑外墙后退，他们直接从地界线上开始建造。这座方块状的建筑是"自由资本主义"（Unfettered Capitalism）的骄傲丰碑，直到隔壁土地的资本家意识到他们被坑了。可是，他们意识到的太晚了，公平大厦（Equitable Building）夺走了他们所有的光照和空气，使他们的地块变得不值钱了。

1913年2月，市长组建了一个由纽约顶级商界和政界领袖组成的委员会来应对这个问题，9个月后形成了"关于建筑物高度的委员会报告"。该报告提出了一项提议，即在纽约各地绘制区划图，对建筑物的高度和形态进行控制。这份报告成为1916年《纽约区划法》的基础，《纽约区划法》将这份报告调查结果编入法典。这部法律改变了当时纽约建筑的情况，确保了光照和空气能够到达街道，没有建筑遮挡住相邻建筑。城市设计的规则禁止了盒子状的塔楼，建筑转而开始比拼谁是最高的，谁有最显眼的退台形式。这条法律经受住了法庭和市场的考验，以克莱斯勒大厦这样的杰作指导了纽约城市面貌的全面转型。这条规则在第100页"形态控制准则（Form-based Codes）"一节中有所阐述，对于一个相对简单的规则来说，1916年的区划实现了一些相当不错的城市设计成果!

这套法规用近50年的时间塑造出了纽约20世纪50~60年代的城市风貌。1961年的区划决议对它们进行了调整，这又是一场城市设计革命，让纽约摆脱了原有区划的建筑后退要求。这些规定阻碍了开发商希望在这个蓬勃发展的城市里更经济地建造大型高层办公建筑的愿望。

然而，公众反对旧区划的论点是，这套法规提供了太多的空间，城市会变得太大。争论的焦点是，如果开发商将1916年区划的每一个街区的允许建筑外轮廓控制范围（Building Envelope）全部建完，这个城市建筑足以容纳5300万人口。为了限制和引导增长，1961年的区划引入了一个新的概念——容积率，每块土地都被分配了一个可在其上建造的最大空间，让城市专家可以逐块控制密度。人们发明了"用地兼容性"（Allowable Use Groups），用于

更积极地引导特定的功能，并将这个规则
运用到每个地块上。他们为几十个新的区
划分区制定了新的体量规定。新区划的解
决方案实现了某个专家的梦想：让这个当
时世界上最大的城市包罗万象，且各安其
位。这是罗伯特·摩西所设想的城市的一
次胜利。1961年的区划条例官方认可了让位
于汽车的城市，并将摩西最喜欢的"公园里
的塔楼"住房方针确立为设计准则。

我并不喜欢这些方案，而且我也非常
不喜欢1961年区划修订时沿用的建筑体量
"高度要素"规则。但我赞同在1961版区划
条例修订中所体现出的这一修改过程，在
这个过程中我们已经将其发展成一份能够
随着时间的推移而灵活改变的动态文件。
纽约市没有总体规划，区划替代了总体规
划，纽约市利用区划文本和区划图修编的
结合，记录了我们对城市未来的愿景。我
们将它们的修订过程编纂成册，形成一
份不断发展、不断调整、越来越具体的文
件，以指导城市的发展。仅在过去的十年
中，我们就对城市三分之一以上的区域进
行了修编。

我们将依靠区划使城市更可持续，
更具韧性。我们已经颁布了"绿色地区"
（Zone Green）这一系列的区划调整，以鼓
励建设更多可持续建筑，并减少碳排放。
其中一项关键性的改变是确定并删除旧法
规中无意间阻碍可持续实践的部分。例
如，太阳能电池板在1961年还没有作为家
用设备存在，而且从未被列入可放置在屋
顶"允许障碍物"的清单中。现在这种情

**纽约克莱斯勒大厦**
（来源：纽约市城市规划局）

况已经改变了。飓风桑迪之后，区划条例将被作为一种工具进行检验，检验它能否鼓励建设防洪建筑，或以其他方式使城市更具抗洪能力。区划条例是否能够催化这些变化？这是纽约和全球各城市正在回答的问题，气候变化将检验区划这种规则体系对于城市变革的有效性。

区划制度的法律表述（包括文字和图纸）正在进行一场彻底的革命。如今，计算机建模的功能已经强大到可以立体地表现整个城市，相较之下，区划的文字和图示就显得不够充分。无论是现状的还是规划的，每一栋建筑的每一层楼，每一个街区的每一个体块，都已经或即将通过互联网，让任何人查看和审议。通过多方案比选，然后以法律形式记录下获批方案，这种方法非常有吸引力。通过已有的一些手机和平板电脑的应用程序，当你将设备镜头朝向一个现状空间，就能看到一个方案叠加在现状上的真实效果。这就是所谓的增强现实（Augmented Reality），可以与云端输入结合起来，有效地"投票"决定某项变革的可取性。这些新技术的影响似乎是巨大而新颖的。然而，它的威力可能还是比不上早期德国市长所拥有的自由裁量权。虽然当时的区划条例还模糊不清，但他们能利用它的力量达到最精确的效果。归根结底，决定城市形态的不是权力本身，而是我们如何使用它。我们应该有节制地使用这种权力。城市设计师必须记住，设计师的作用并不是设计一切，他们的作用是分析评估现在的发展规则，并提升改造这些规则，这样其他人就会在设计中植入多样性和新生机。

区划是城市设计中一个不断发展的工具，我认为有三个大维度正在改变区划的方式。在每一个维度上，最终的结果都更加具体化。

**形态控制准则**（Form-based Zoning）：形态控制准则旨在用一种基于规范建筑形态的系统来取代传统上以土地用途管制为基础的区划。通常，形态控制准则包括一个不同建筑形式分布的风貌规划；不同建筑形式的特点和布局标准，特别是在公共领域；以及公共空间标准，针对街道和广场设计进行要求。1916年的纽约区划条例是最初的形态基础法，任何新的形态控制准则都应该学习它的简洁和克制。

形态控制准则在明晰其本质时效果最好。比如1916年最初的纽约区划条例，我认为（当然，我在这里完全没有偏见）它是有史以来最好的形态控制准则。它很简明，你把街道的宽度乘以一个系数，就得到了基本高度。从那里画一条调节线从街道向后倾斜，当那条线围合成的面达到你的土地的25%时，继续往里的建筑塔楼就没有高度限制了。

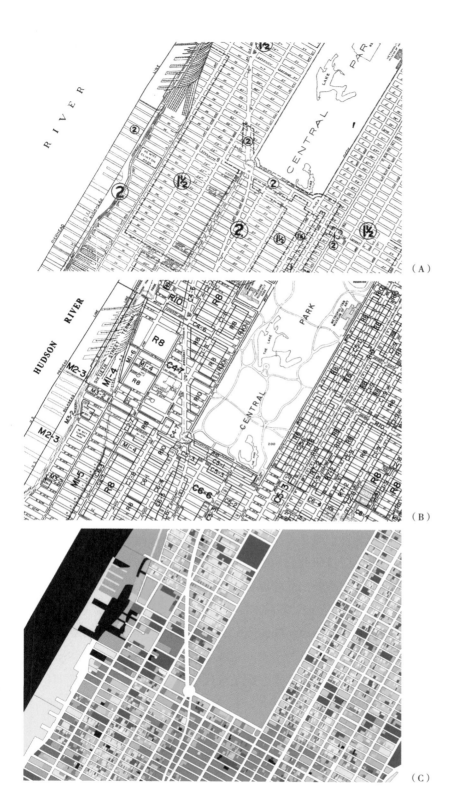

纽约市区划和土地利用
图的日益精细化（A）
1916年，（B）1961年，
（C）2013年
（来源：纽约市城市规划局）

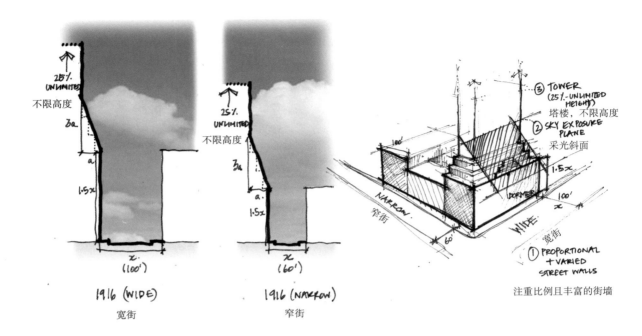

1916 (WIDE)
宽街

1916 (NARROW)
窄街

注重比例且丰富的街墙

形态控制准则系统包括行政程序和所有具有法律约束力的术语定义。该系统不包括1961年纽约市区划修订中首次展示的许多技术性指标：容积率、开放空间比率和任何其他算法的体积控制。形态控制准则也不按区限制土地使用，通常鼓励混合使用配置。

基于形态的区划被认为是新城市主义运动的成果，并且通常带有新传统的建筑形式美学，这也是这个群体所大力倡导的。如果这些美学标准是规范性的，那么这个运动就失去了对世界上快速变化的城市的适用性。传统建筑的细节和装饰中蕴含着重要的经验，特别是在建筑界面如何打造街道方面。我们当然应该研究它们，吸取它们的教训。新材料（如嵌入发光二极管的玻璃）也在不断挑战着原有的审美构造。从太阳能电池的集成到屋顶农业，建筑对资源生产的新需求需要新的建筑形态来承载。

**风貌协调区（Contextual Districts）**：历史保护区和地标都在影响着区划，区划需要确保新的建设与历史建筑或区域风貌和谐。这些地区被称为风貌协调区，在这里的建设需要在满足现代功能的同时确保新建建筑的体量和形式与周边区域保持协调。

1964年，纽约宾夕法尼亚车站的拆除推动了历史保护运动的发展，这座车站曾被认为是美国最好的建筑作品之一。1965年纽约通过了《历史保护法》，目标是保护纽约市的历史格局。该法通过允许将保护用地的一部分

开发权转移给相邻的建筑用地，使纽约另一个伟大的车站（中央车站）逃过了被拆除的命运。开发权转移原则的合法性得到法院的支持，这种做法逐渐普遍，从保护建筑开始进而保护整个历史地区。

　　我相信历史保护是一种挑战当下并超越过去的工具。如果一栋建筑被认为有历史价值，当旁边建起一栋新的建筑时，那么这个新建筑可以在每一个细节上都可以与旁边旧建筑进行比较。特别是从行人的角度来看，历史保护建筑可以树立一个非常高的标准。

纽约宾夕法尼亚车站的拆除激发了纽约人保护大中央车站的热情

（来源：维基媒体用户 Fcb981。通过维基媒体共享访问）

数字区划（Algorithmic Zoning）：数字区划是一种新的发展方向，它利用计算机来加速城市设计的迭代过程。数字区划是从任意传统区划规则的数学模型开始的，比如容积率。基于算法的一组起始数据，它可以为一个研究区域生成不同的可能方案，例如，在特定的建筑地块中确定一定建筑面积的体量范围。接着应用二阶排序原理在可能的方案中进行选择，并对下一个环节进行迭代推演。该算法可以包括诱导多样性的随机化函数，也可以将二阶排序特征纳入社会或经济数据。经过多次迭代后，它就可以生成一个动态推演模型，它可以计算出在预设的一组区划规则和外部力量下，一个特定区域随着时间的推移可能会变成什么样。

随着时间的推移，原本简单的区划规则会因此相互作用而变得复杂。数字区划能够帮助我们分析这种复杂性，使城市设计师能够持续向前推进，而不需要过度纠结于某个特定结果。算法计算的结果可能发展出一个区划系统，这个系统既有一定的规范性来保证结果的细粒度，又有足够的通用性来适应动态的增长。从某种程度上来说，纽约市通过规划修编和地区重建不断优化现有的区划规则。这其实也是一种"慢动作"的算法设计形式。在这种设计中，城市一个个项目在一套适用的规则下不断改变现状建筑与新建建筑的关系。随着新一代设计师对算法设计软件的熟悉，自动数字区划的实际应用也许并不遥远。

## 导则

区划的尽头就是城市设计导则的起点。导则是针对区划通常不涉及的细节所制定的"软性"规则，其强制性和具体化程度可以有所差异。城市学家丹尼斯·斯科特·布朗认为，"导则应该是引导性的而不是强制性的，应该给后续设计留有机会并激发设计师的热情，而不是一味地限制和扼杀"。也有另一些人则认为，如果想要导则充分发挥作用，就必须精确，并且严格执行。

加拿大温哥华市的规划部门经常写一些开发导则来配合区划文本，比如其中心区的天际线导则。这些导则具有实权，因为整体开发的审批是由编制导则的人决定的。如果不遵守导则，开发商就会面临开发计划不被批准的巨大风险。温哥华的新街区导则是对材料和建筑细节的具体要求，并通过相当长时间的大规模应用得到普及。新街区导则具有非常高的城市设施实施度，但也导致了过度"协调"的新街区，这样的结果也会被批评为缺乏视觉多样性。

不像区划那样面临着很大的颁布阻碍，导则可以成为城市设计的一个很好的实验场所，导则试行成功以后可能在新领域上升成为法律。我们可以预期，随着生态要求在城市建设中的凸显，导则的重点将转移到可持续发展上，而不再是具体的建筑形式。生态导向的导则也许会采取光照区划的方式来确定建筑体量，寻找最佳的阳光入射；也有可能只针对建筑，提出性能标准从而孕育出新的建筑形式。纽约的永续发展"高效能准则"，如今已透过绿色地区（Green Zone）成为法律。

健康与建筑环境的可持续正在不断融合，我们正在通过主动设计导则探索各种可能性。我们长期以来都在提倡让人行道更适合步行，但没有意识到对设计有益的东西也可能对健康有益。对我来说，这种认识来自于与

纽约市卫生和心理卫生局的林恩·西尔弗和凯伦·李博士的一次会面，他们要求我们帮助解决城市最重要的公共卫生问题——肥胖问题。"肥胖症"已经席卷了纽约的儿童。二型糖尿病患者数量增长迅速，并开始赶上全国其他地区的发病率。无论是糖尿病对年轻人的生活和未来生产力的影响，还是对不断膨胀的医疗预算的影响，都对公共卫生有着巨大的影响。

这就是李博士所说的"能源病"。当消耗的能源多于消耗的卡路里，久而久之就会导致肥胖和糖尿病。事实证明，最简单的预防方法就是步行。于是，我们对步行体验的研究兴趣变成对健康问题的关心。我们扩展了"宜居城市"议题的范围，将健康问题纳入其中并邀请相关机构参与。这是我们定期举行的"宜居城市"会议的副产品（Outgrowth），该会议由当地的美国建筑师协会赞助，以确定政策和实践，后来被称为"主动设计"。

这项运动的最终成果是2011年出版的《主动设计导则》（*Active Design Guidelines*），以及由美国疾病控制和预防中心资助的五项后续研究，其中包括一项专门针对人行道设计的研究。在我的助手斯凯·邓肯的带领下，人行道研究的前提是将行人置于人行道设计和公共政策的交点。我们的研究从人们如何体验人行道开始。我们超越了城市设计研究中典型的平面和断面等枯燥的分析工具，将人行道视为一个房间，观察其四个界面上的活动。然后，我们将构成每一个界面的物理元素编成目录，就像建筑师画出一个房间的平面图、天花板图和立面图一样，以说明构成它们的元素。最后，我们着手研究优化引导这些元素的政策。这些政策来自多个机构，同时将这些政策分解为强制性、引导性和鼓励性，这对于我们改善社区人行道体验的实施落实至关重要。本研究提供的是一个框架，而非具体操作内容。可以这么说，这份研究报告及其附录是一份关于人行道设计的要点清单。这份清单，来源于我们多年在纽约的实地观察以及对其他六个城市三十多条优秀人行道的细致研究。

**人行道是一个房间**
（来源：纽约市城市规划局）

## 3.2 城市设计的成果：规划（PLANS）

最常见的城市设计成果是规划。在大规模的区域规划和小规模的项目设计之间，存在着一些中等规模的规划，城市设计在其中发挥着重要作用。无论从地理上定义（都市区、城市、街区或地区规划），还是从方法上定义（愿景或过程规划），所有这些规划都可以归入"总体规划（Master Plan）"一词。当这些规划的规划目标被转化为可以切身体会的成果时，它们就成了城市设计方案。

城市规划设定了目标和指标，但城市的外观、感觉和功能（人们在其中生活的方式）才是城市设计的职责所在。作为一门视觉学科，城市设计的力量在于它向每一个人，不管是普通人还是专业人士，传达城市可能的未来。如果设计所表达的愿景是令人信服的，人们就会看一眼并说："我想去那里"。这是克服人们对变化的天然恐惧并实现转型的第一步。城市设计让未来变得清晰可见。

"不要做小规划"这是丹尼尔·伯纳姆的一句名言。

在1893年哥伦布世博会上，丹尼尔·伯纳姆想要建造一座临时的"白色城市"。为了得到人们的支持，他说："不要做小规划，他们无法激起人们的热血，那么很可能这个计划自己也不会实现。要制定大规划；要志存高远，充满希望，努力工作；要记住，一张优秀的、合理的图纸一旦被记住，就不会结束，在我们离开的很长时间里，它还会不断生长，以不断的坚持来证明自己。请相信，我们的子孙将会做一些让我们瞠目结舌的事情。让你的口号成为现实，让你的意向成为美景。眼光要长远！"[2]

但究竟什么是规划？伯纳姆这次对"规划"的定义是将设计的执行策略、设计本身和结果结合在一起。虽然伯纳姆博览会规划方案的实现是暂时的，但它持续的时间足够长，规模也足够大，足以让当时几乎一半的美国人徜徉其中，感叹灵感。博览会的观众们带着感叹回到家乡，按照伯纳姆的白色城市改造自己的家乡，让自己的家乡也拥有宏伟的景观和纪念性的公共建筑。

"规划（Plan）"这个词来自拉丁文"Planum"，意思是平坦的场地，也是测量表面是否平整的工具。但规划方案可以有多种形式：从顶视角度显示空间组织的二维地图、显示完成工作所需步骤的流程图、赋予构思空间物质性的三维比例模型以及计算机模拟的虚拟现实。所有这些都可以叫作规划，因为它们传达的是未来现实的意图，不是现实本身。也许我们可以说，城市设计中所有的方案都只是提案。伯纳姆建造了一个真人尺度的模型，复刻了整个城市的四分之一，放置了近一年，模糊了方案和现实之间的界限。当然，如今流行的一种城市设计作品——快闪项目（Pop-Up Project），以小得多的规模达到了同样的效果。

快闪项目让人们得以暂时体验某种可能的未来，比如旧金山的停车日。在那一天公众可以接管一个停车位，在上面增加植物、座椅以及其他设施。在那一天，停车位变成了一个小公园。第二天，一切恢复正常。但凡享受到临时公园好处的人，都会比以前更加支持并致力于城市公共空间的建设。

因为规划方案只是一种提案，所以它们是迄今为止城市设计的成果中类型占比最多的。与政策不同，它们不需要颁布；与项目不同，它们不需要建设。当然，少数方案最终会成为现实，但实际上这种成功与它们的编制没有多大关系。

在规划局，我们不断地编制和审查规划方案。最终，经过利益相关方和社会各界的长期协商，我们可能会形成一个共识的规划成果，该规划最终也可能会成为区划条例和区划图的一部分。但是，一份规划很少有最终完成的时候。人们最多希望的是，经过多次的反复修改，这份规划至少提炼出了我们要达到的共识，用伯纳姆的同事和竞争对手查尔斯·麦金的话来说，规划是一系列的提案，它有能力阐明城市设计的意图，同时愿意妥协"除了本质之外的一切"[3]。

## 二维规划平面图

城市设计图作为一种二维的表现形式，是一种水平视角的表现工具，帮助你比较各种可能性。尽管有那么多的计算机工具可以看到多维度的规划方案，但设计师们还是经常回到传统的二维俯视图来进行决策和记录结果。我相信这是因为二维平面图具有一定的客观性（因为它无法旋转视角）。但作为一名城市设计师，你需要具备依据二维平面图中在脑海中做出三维画面的能力，即"读图"能力。这既需要空间感知上的天赋，也需要对城市设计图纸的惯用手法保持敏锐，这些图纸以一种简明的方式暗示了很多关于物质世界的东西。即便如此，人们还是很惊讶，像詹姆斯·奥格索普将军为萨凡纳所做的这样简单的规划，却能绽放出今天这个城市复杂而美丽的光芒。

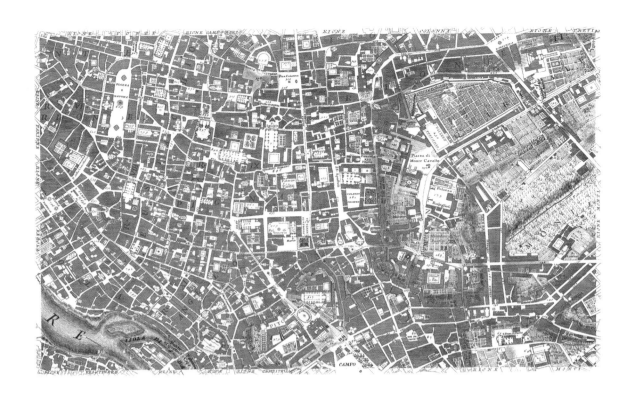

因为手绘的城市设计图信息有限，这就要求我们只专注最重要的信息。吉安巴蒂斯塔·诺利在1748年绘制的罗马地图，意在将公共空间作为最重要的元素展现出来。因此，它将所有向公众开放的空间都留为白色，无论是外面的街道还是教堂和其他公共建筑内部。这份罗马地图其实是一幅关于公共空间的图纸，标识了开放空间并暗示着行人优先。它表达了某种视角，即行人视角，并记录了与之相关的价值空间，即公共空间。它对公共规划起到了很好的辅助作用，以至于罗马当局一直到20世纪都在使用它作为基础地图。

纽约市的城市设计团队也希望借鉴诺利绘制罗马地图的方法，但需要对其进行一定更新，以更准确地表示公共空间体系。因为行人空间不再包括整条街道，街道的大部分空间已经被汽车占用。为了优化当代行人体验的连续性和多样性，我们制定了漫步（Strolli）规划，利用颜色的深浅程度反映了公共通行的程度。漫步规划将人行道、公园、人行横道、零售空间和公共建筑大厅（行人可以自由漫步的地方）置于最浅的色调中。私人空间是深色的，街道上的行车道也是如此。一切可以步行进入的地方都以人的尺度进行研究，比如人行道上的路径尺寸、树坑和树冠的尺寸、行人设

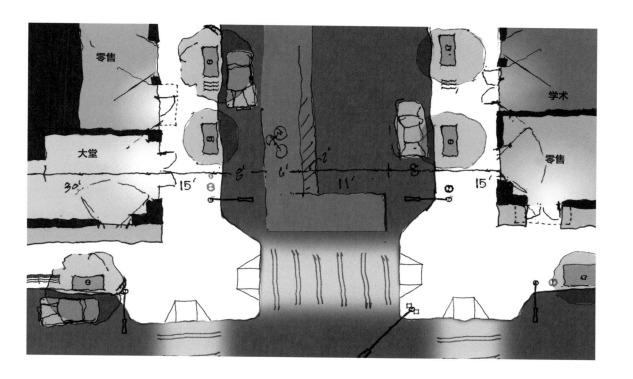

施（如长椅）的尺寸等。漫步规划描绘了一个关注行人体验的城市，我们把它作为保护和提升城市步行能力的规划工具。

在过去，二维规划仅限于表达其项目边界内的信息。随着地理信息系统的发展，现在可以实现同时参考多个尺度的规划，超越边界，链接与之相关的网络信息。例如，如果我们建议在一个公园中采用一种更生态的排水形式，这种排水形式可以将雨水滞留在一系列景观坝和生态湿地中，那在设计过程中我们可以同时参考公园尺度和其所在流域尺度的信息，使其从一个单纯的城市设计成为一个综合的水文规划。我们的设计决策不再限制于项目边界内。

**漫步规划**
（来源：斯凯邓肯）

## 3.3　城市设计的成果：实施项目（PROJECTS）

实施项目是城市设计的成果中最少见的。如果一个建筑作品能够对其场地外的区域有所改变，并能兼顾客户以外的社区，那么它就可以说是一个成功的城市设计项目。比如西班牙的毕尔巴鄂古根海姆博物馆，就经常被作为成功的城市设计案例。只有成为更大变革的一部分时（基础设施或经济社会发展），这些作品才能被称为变革城市的作品。

城市设计实施项目要有重点和目标。哥伦比亚麦德林市的圣多明戈萨维奥（Santo Domingo Savio）是个拥有17万人的贫民区，为了打破该区与世隔绝的环境，市长法哈多意识到必须为这里提供公共交通服务。但这个贫民区坐落在一个非常陡的斜坡上，无法修建道路或开通公交车（这种情况其实非常常见，非正规住区占用的土地太潮湿或太陡，无法正常建设）。法哈多找到了一个创造性的方案，那就是修建空中缆车，就像那些带游客上瑞士山脉的缆车一样。现在，贫民区在物理上不再孤立。然后，他把整个城市的文化和教育基础设施放在了这个区域的中心地带，他说："我们最美丽的建筑必须在我们最贫穷的地区"[4]。他把空中缆车站和文化基础设施放在了新建成的公共开放空间广场上。这些城市设计项目都是为变革而生的，它们具有针对性，且需要相互协调。

一个成功的项目是很难实现的，因为它需要在项目从规划到执行的各个工作阶段持续地达成政治、财政、设计上的一致。它与当时的政治家在位的时间有关，也和市场行情有关。但通常政治家在位时间都不长，而市场也很难长期处在上升期。一个成功落实的项目就像八大行星排列成一条直线那样罕见。

我认为，城市设计的实施项目本质上都是基础设施：从各种公共空间，包括街道、广场、混合型"广场街道"（Squeet，见下文）、购物中心、公园和边角空间，到将我们的城市编织在一起的卫生、通信和交通这些基础设施等。基础设施如同供藤蔓生长的棚架，为公民生活提供保障。如果没有基础设施的支持，任何对城市生活密度和丰富性的尝试都会在无政府、肮脏和城市病的堆积中崩溃。通过创新，城市设计师可以让基础设施为更宏大的可持续发展目标服务。在使城市适应气候变化和减轻城市碳排放的背景下，要求基础设施在完成工程任务的同时，创造新的公共空间资源，以支持城市发展所需的功能及密度。

但要时刻记住，一个项目的建设相当不容易。斯图加特的新高铁站[①]于2007年获批，其目标是打通从巴黎经斯特拉斯堡到欧洲中部的东西向高速铁路主网的瓶颈，修正19世纪巴登·符腾堡铁路工程的遗留问题。该计划

---

① 该工程于2010年2月2日开工，经历了多场反抗风波，最终计划于2025年底投入使用。
　　——译者注

将铁轨置于地下，一个巧妙的平台结构为车站提供了一个足够坚固的屋顶，这个平台支持了位于车站上方的一个新城市公园的重量。车站既是公园又是月台，它为城市提供了新的开放空间，也在旧铁道场上生长出一个高密度、多功能的新社区，修复了被20世纪车站地面轨道破坏的中心城市步行网络。

但这个项目能不能建成呢？在项目推进的过程中存在着巨大的成本超支和严重的政治对抗，并且为了将这个城市设计变成具体建设项目，车站的支持方需要不断协调并处理反对方的各种不满情绪。

## 街道

"如果你想建设一个伟大的城市，就建设一条伟大的街道"。

——澳大利亚墨尔本城市设计总监 罗伯·亚当斯

街道被定义为私人领地边界之间的公共道路。曼哈顿每个街区的每条街道都是被这些私人领地界定出来的。这个空间属于公众，不能僭越。

在这个空间里，必须容纳多种功能。有些是在地下（如流动的污水），有些是在地上（如流动的行人），少数功能在地面上方（如照明）。

我们考虑的街道功能包括行人、自行车、公共汽车、汽车、卡车和轨道交通的流动性，但街道功能其实还包括行人安全和社会交往、光照、空气和绿色空间、雨水管理、街景和街旁建筑的场所营造、土地利用以及市政服务等。

每项功能都由特定的建筑元素来实现（例如，行人流动需要人行道）。每项功能都需要占用空间，而空间是有限的。因此，在布局街道时，必须根据明确的优先级进行功能选择。这些优先级的表达决定了哪些功能为主，哪些功能为辅，哪些功能被排除在外。例如，对于一条街道

在苏格兰爱丁堡的一座使人们感到神清气爽的公园
（来源：斯凯·邓肯）

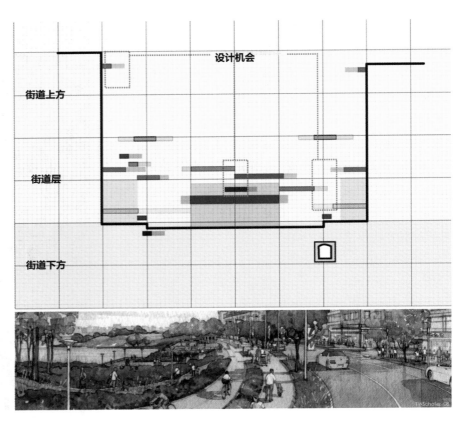

街道层级: 多种使用者在街道的公共空间中争夺空间
（来源: 纽约市城市规划局）

图中文字: 设计机会、街道上方、街道层、街道下方

是容纳两条汽车道，还是一条汽车道和一条一级自行车道，我们必须做出决定。归根结底，这种选择是一种政策的表达。将时代广场改造成步行广场，就是纽约市"以行人为先"政策的最明显体现。

## 广场街道（Squeet）

有些公共空间既是广场又是街道。比如时代广场就兼具这两种功能。加拿大设计师毛布·鲁斯曾将其形容为"广场街道"（Squeet）。车流在周边流动，人们在这里休憩。随着行人重新获得公共空间中的地位，重新获得以前专属于汽车的路权，这种混合型街道将成为越来越重要的一类开放空间。

## 广场

广场是连接到街道网络的开放空间节点。无论是街道交汇处形成的公共空间，还是面向街道的私有化公共空间（私人所有但可供公众使用的空

间），广场都是多用途的露天空间，其本身就是一个目的地。它就像是一个
房间，墙体由周围的建筑或其他基础设施形成，它们的家具（如长椅或遮
阳设备）提供了一种游憩设施，它们的社会功能随昼夜变化的用途而变化。
因此，广场是城市的骄傲之地，无论一个人的个人住房多么狭小，但作为
市民，每个人都拥有城市中广场这个最伟大的房间。公共广场的公平性是
美好城市的标志之一。

我们如何从技术上定义一个广场？广场有较高比例的硬质铺装，一般
在80%以上。通常，广场有公共座位。威廉·霍林斯沃斯·"霍利"·怀特，
作为一位伟大的观察家，在1988年出版的《城市：重新发现市中心》（City:
Rediscovering the Center）一书中，记录下了许多对广场细致的观察。这些
观察中的许多内容已经转化为纽约塑造和维护私有化公共空间（POPS）[5]的
法规。多年来，众多建筑为换取高度或体量上的红利而提供了这些私有空
间。这些私有化公共空间在纽约至关重要，有时这些空间被称为"口袋公
园"（Vest Pocket Parks），如曼哈顿中城的佩利公园（怀特的《城市小空间
的社会生活》（The Social Life of Small Urban Spaces）一书中就有介绍）；有
时被视为建筑的门厅，如巴克莱中心前的广场。这些开放空间在周围拥挤
的建筑群的衬托下产生价值。它们对视线、花池和座椅的高度，甚至是台
阶和立柱的尺寸都有非常精细的标准，这些细节都被认为是在私人空间中
保持公共品质所必需的。

规则在无形中塑造了城市——时代广场
（来源：斯凯·邓肯）

## 公园

公园是城市与自然发生联系的公共空间。我觉得公园是最具有教育意义的城市设计项目，其要素种类最多，讲故事的机会也最多。公园是缓解城市对气候的影响、使城市适应气候变化、教育市民形成生态价值观的理想项目。

21世纪带来了对环境的重新关注，由此也带来了对城市公园的重新认识。景观建筑师和教育家詹姆斯·科纳称公园为"生态容器"，并认为三种类型的公园将在新的城市背景下蓬勃发展：大型城市公园（如北京的奥林匹克森林公园）、具有某种生产性功能的公园（如德国北杜伊斯堡景观公园，通过植物来修复被污染的土壤）和具有独特景观性的公园（如巴黎的绿茵步道"Promenade Plantee"，它是高线公园的灵感来源）。

我认为滨水公园对纽约的未来尤为重要。除了能将人们带到水边，它们还可以作为保护海岸的自然基础设施，帮助降低洪水对沿海社区的风险。

一个公园要想成为城市设计作品，那它必须能够改变其周围的区域，或至少改变人们对该区域的看法。当公园、广场和街道连接在一起时，就会形成一个供人流动的绿色网络，在城市中创造第二个城市。在这里，自然与城市共存。你可以毫不费力地从一个场所移动到另一个场所。在21世纪，绿色作为城市的"解毒剂"，可以在城市中无处不在，因此你不必去中央公园。当城市考虑如何引入自然时，设计者可能会发现，通过一条街道连接两个小公园，并在该街道两旁种植行道树，可能比打造一个大公园更有效。

**布鲁克林的巴克莱体育场提供了更好的公共空间和地铁的入口**
（来源：亚历山德罗斯·沃什伯恩）

## 边角空间（Leftover Space）

　　每个现代城市都有大量这样的空间，这些空间是交通基础设施与工业时代后留下的——铁路货场、棕地、高架火车支架和高速公路立交桥下的碎片空间。交通基础设施占用了大量空间，而在快速发展的城市，空间又是很宝贵的。我们如何把这些残存无用的空间改造成一个依旧用于交通运输、但对市民有意义的聚集地？在纽约，我们正在尝试一些新的形式。虽然这些形式看起来与传统的公园没什么两样。皇后广场，曾经是一个由桥梁、道路和铁轨组成的极其杂乱的场所，现在在它已经被改造为一个可以休闲散步的地方，且不影响周围交通基础设施的运行。这里是大自然的完美空间。大自然也是基础设施。

　　把自然视作基础设施的概念在各个尺度都得到了证明，他们相互连接，提供空间，具有功能，且成本低廉。在下水道容量有限的情况下，纽约正在尝试用生态树池来截留雨水。此外，我们还在布鲁克林大桥公园建设自行车绿道；在弗莱士河公园（Freshkills Park）建设垃圾处理场。在飓风"桑迪"之后，我们将生态空间视为海岸保护基础设施的一部分。

　　盖伊·诺登森教授联合建筑公司ARO提出的一个建议是在曼哈顿下城近海建造一个公园。假设你站在炮台公园，想象诺登森的提案，你会看到这样一幅画面：港口中的一系列岛屿、一排排沼泽和浅滩湿地，自由女神像站在远处，俯瞰熙熙攘攘的人群：穿着涉水鞋的人、捕鱼的人、游船和渡轮、学校团体走过沼泽草地上的小径。在天气好的情况下，港口中的这些新地貌将成为一个美妙的新公园。某一天，大型飓风登陆纽约港时，它们的韧性价值就能得以体现。飓风将数十亿加仑的海水集中到韦拉扎诺狭口，并将风暴潮推向曼哈顿下城，在那一天，这些岛屿和湿地将起到减震器的作用，将风暴潮的横向动力带走，保护附近的高地。虽然目前这只是一个提案，但未来几年我们可能会发现，我们需要调动政治、财政和设计资源，将其实施，成为城市设计的成果典范，让城市具有韧性，同时提高公众生活品质。

**上涨的水流**
（来源：盖伊·诺登森及
其同事、建筑研究办公室
和凯瑟琳·西维特工作室）

**优先考虑的交通方式**
（来源：道格拉斯·摩尔）（左）

**纽约炮台公园城（Battery Park City）**
**的泪滴公园（Teardrop Park）**
（来源：亚历山德罗斯·沃什伯恩）（下）

**中国香港建筑外墙**
（来源：亚历山德罗斯·沃什伯恩）（右）

雅典娜在高线公园上
（来源：亚历山德罗斯·
沃什伯恩）

# 第4章

# 高线公园的设计过程与成果

当你能够正确地将城市设计的过程协调转换为成果时，你就具备改造城市的能力了。纽约高线公园和西切尔西特别区（Special West Chelsea District）就是成功的案例：将这种协调和融合运用到社区变革中并取得了最终的胜利。在高线公园项目发展的时间线中你将看到政治、金融和设计在本就错综繁复、逐级递进的设计过程中交融碰撞。你将看到问题的探寻、方案的设计、工程计划的执行几乎同时存在于所有尺度和一切形式的城市设计中。无论城市设计是一项政策或研究（例如支持保护和再利用高线的政策或是西切尔西特别区规划中的一项研究），一个规划（例如相关的经济研究或最终的设计方案）又或是一个实施成果 [ 例如高线公园一期的开放、高线23号（HL23）项目的建成，以及将其剩余开发权（Air Rights）转移给第11街100号公寓楼的建设 ]，城市设计过程就是为了促进城市空间更新升级。

同时，在高线公园这个项目中，你也将看到城市设计的成果在什么时候扮演着什么样的角色。就像知名摄影师乔尔·斯滕菲尔德刊登在《纽约客》的照片是怎样在一夜之间重新定义"客户"，将高线公园的"客户"从高线之友的公益组织扩展成为好几百万见证高线改造过程的全球各地居民；亦或纽约市城市规划局的特别区机制是如何重新定义这个区域，将一片废弃铁路下的普通土地变成一个属于全纽约市的社区；又或开发权转移（Air Rights Transfer）机制是如何从这个原本仅为建造价值1亿美元的公园项目衍生为价值20亿美元的私人投资建设项目。在这里，城市设计的每一项成果都是独立存在且可以执行的工具，这些成果改变着我们脚下的土地，撼动着原有的游戏规则，最终推动变革的发生。

## 4.1 高线公园的故事

高线公园位于曼哈顿西侧第10大道南端，曾是一条庞大的四轨高架货运铁路。作为罗伯特·摩西构想的西区改善项目之一，它于1934年建成并投入使用，目的是提高西切尔西区工业建筑间的运输效率。同时由于经过此处的康内留斯·范德比尔特原始铁轨至今仍在运行，且过往的货运列车和行人经常发生交通事故，第10大道一度以"死亡大道"闻名。为了永久性地解决第10大道火车通过时的行人安全问题，高线铁路将火车轨道抬高至街道上方20英尺（6.096米）。此外，高线铁路所经过的区域在20世纪30年代是纽约市的肉类包装区，火车可以直接连接到加工厂和冷藏仓库的二楼，在不影响道路交通的同时也提高了货物交付的效率。

以当下货币值计算，高线铁路的造价超过了10亿美元，然而建成仅仅30年后，它就已经过时了。冷藏卡车和联邦高速公路体系所带来的交通便利，意味着人们可以在城市外更高效地完成肉类包装工作。因此铁路运输需求每况愈下，肉类加工业也逐渐搬离西切尔西区，多层仓库被清空。1981年，最后一列火车驶过高线，运送了三车冷冻火鸡，此后高线铁路彻底停运。

一些肉类包装商仍然在这片荒凉的老社区坚持做着夜间生意。与此同时，甘斯沃尔特街（Gansevoort Street）附近的地区开始成为地下娱乐场所的乐土。这片社区的时钟似乎与大多数人的作息时间相反，肉类包装商和俱乐部都上夜班。而在白天访客们看到的只是一片仿佛正在缓慢衰落的阴森荒地。

区域的衰落开始吸引艺术家和他们的追随者。弗洛伦特·莫来利特于1986年租到一家紧邻废弃铁轨的食堂并开设了弗洛伦特餐厅，并逐渐成为这片社区的社交核心区；艺术家们把一个阁楼改造为艺术合作社；1994年，马修·马克思开设了高线附近第一个高端美术馆。随后，越来越多的艺术家在此开设美术馆。

除了艺术家们，投机的开发商们也盯上了高线周边区域，他们先是买下高线铁轨高架下最便宜的土地建成收费停车场。当美术馆这些艺术设施开始提升社区品质时，这些土地所有者纷纷游说市政府拆除高线铁轨以便他们可以在自己的土地上进行开发建设。区划允许他们建设5层，所以，一旦高线铁轨被拆除他们就可以获得巨额收益。在得到朱利亚尼市长的重视后，城市开始着手拆除事宜。

**历史上的高线，1936 年**
（来源：未知摄影师。可通过维基媒体共享资源访问）

**开发前的高线**

（来源：亚历山德罗斯·沃什伯恩）

　　　　　　城市设计的本质——基于纽约在韧性发展上的视角

长期未经使用的高线铁轨已经衰落为街道上悬浮的钢铁集群，在社区内被遗弃的铁路路基蜿蜒曲折。在一个讨论拆除工作的住区会议上，两位当地年轻人罗伯特·哈蒙德、约书亚·大卫碰巧坐在一起。他们都被这个独特的社区地标所吸引，它就像一棵正在发芽的钢铁之树。当发现高线轨道面临拆除威胁时，他们才真正意识到问题的严重性。尽管不确定这个庞大的钢铁结构有什么用处，但他们预感到拆除一定是个错误的决定。两位年轻人决定做些什么，于是他们组建了"高线之友"组织。

在得到铁轨所有者的许可后，他们沿着轨道路基展开调研。场地虽然奇特，但很漂亮。过去20年里，树木和野花在曾经火车行驶的地方悄悄地生长起来。哈蒙德和大卫开始带朋友来这里，我很幸运成为早期参观者之一，并且参与组织协调会议，说服土地所有者重新考虑对铁轨地区的利用。当知名摄影师乔尔·斯滕菲尔德把高线的照片发布到《纽约客》杂志上，这些照片吸引了数百万人前往这个隐匿又自然蓬勃的城市带。"高线之友"获得了巨大的动力，大家突然间看到了希望。

与此同时，哈蒙德和大卫自发地拓展"高线之友"的政治人脉，争取更多融资来源，以及进一步深化设计方案。他们组织了一个国际设计竞赛以助于展现高线可能的未来面貌。他们发现越来越多的人愿意为高线献上一份力，他们举办各种资金筹备活动，高线的捐款名单越来越长。

**开发权转移，新的区划指定了高线开发权转移走廊和高线下方用地开发权的承接地**
（来源：纽约市城市规划局）

切尔西
历史街区

在朱利亚尼市长的任期即将结束的时候，"高线之友"正在加速抵制政府拆除命令。在新市长布伦伯格任命"高线之友"成员阿曼达·伯顿为纽约规划委员会主席后，转折点终于到来了。拆除命令被撤回，纽约市政府和"高线之友"要开始思考如何把愿景变为现实的问题。如何改造高架结构、如何与土地所有者沟通、如何处理与周边街区的关系，当然还有如何提供建设的资金支持。

这个过程从一份探讨将铁路结构转化为公园时的成本和收益的经济发展研究开始。研究认为改造的投资收益将不仅仅体现在税收层面，还将体现在许多别的方面。但是对于那些依旧想要拆除铁路的土地所有者，该怎么办呢？

问题的答案就是区划（Zoning）。伯顿把高线项目列为规划局的首要任务，要求工作人员提出高线改造和社区复兴相融合的发展战略。为了实现该战略，她决定创新区划条例，以便能让土地所有者意识到，这能使他们

**区划调整过程**

　　　　　城市设计的本质——基于纽约在韧性发展上的视角

手中的土地增值，进而放弃拆除要求。

这个结果是纽约区划条例第9篇第8章第98条所定义的西切尔西特别区区划。这部分的主要目的就是说明高线项目的目标：

· 将高线铁路转变为一个独特的线性公园；

· 为社区提供新的住房；

· 保护现有艺术馆街区的特征；

· 增加社区的混合功能；

· 确保新建建筑形态能够增加公园的日照和通风并能够融入周边社区。

原区划已经准备好进行调整。在工业搬迁后，该地区用地已经维持为工业用地数十年。在允许建设美术馆后，这片廉价而空旷的土地迎来了一波新的人潮。

新区划在中心地区继续保持原有功能，包括维持工业形态以保护区域特征和现有艺术区规模需求。但社区的外围地带将被规划为居住功能。如纽约典型的公寓楼一样，居住建筑的底层将会被用于商业零售。这样的混合功能保证了社区的7天24小时活力。

区划规定了建筑总量以及用地性质。新的用地功能允许建设住宅公寓。但是问题来了，这些建筑究竟应该建多大？纽约长期以来存在住房供应不足的问题，所以新的住宅项目对于开发商来说非常有利可图，他们都

**城市规划部门使用的高线开发权转移机制**
（来源：纽约市城市规划局）

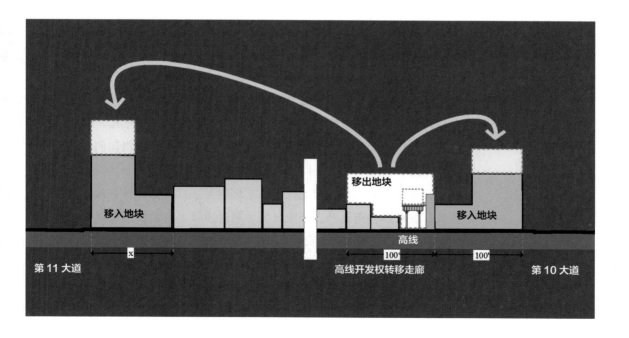

移出地块

移入地块

移入地块

高线

第 11 大道

x

高线开发权转移走廊

100'

100'

第 10 大道

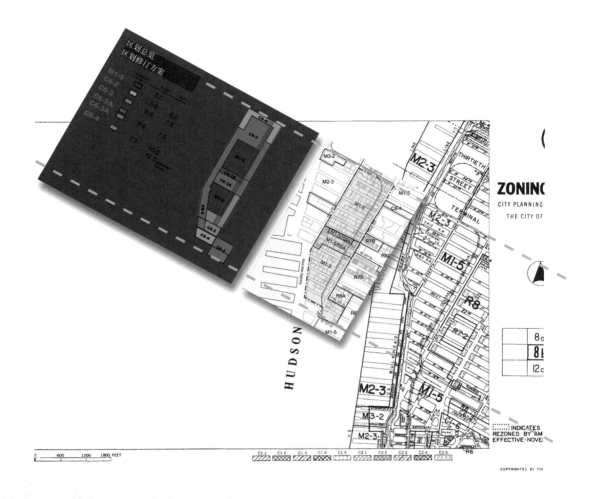

区划总览
区划修订方案

M1-5
C6-2
C6-3
C6-2A
C6-3A
C6-4

HUDSON

ZONING
CITY PLANNING
THE CITY OF

INDICATES
REZONED BY AM
EFFECTIVE NOVEM

COPYRIGHTED BY THE

0    600    1200    1800 FEET

高线之前（右）和之后
（左）的区划
（来源：纽约市城市规划局）

希望盖得越多越好。

　　区划变更（Rezoning）解决了高线下土地所有者的利益需求，这些所有者从要求拆除高线转而支持公园的建设。这些规划条文创建了一条高线开发权转移走廊：高线所在区域开发权允许转移至其他承接地，这些承接地位于新的外围居住区。高线下的土地所有者向地产商出售他们的开发使用权，既保留了原有高线轨道，又能赚取一些收益。

　　开发需求非常大，因此区划需要同时考虑社区保障性住房政策。除了高线开发权转移走廊外，该地区的区划还设计了有关奖励机制来鼓励保障性住房的供给。如果开发商将20%的建设量用于保障性住房的建设，他们就可以获得30%的额外面积奖励。这样的做法在一定程度上解决了纽约保障性住房短缺的问题。相关政策的制定使高线所在的社区越来越多元，这种多元不但体现在功能的混合上，也体现在人口类型的多样性上。

尽管开发需求很大，但承接地上建筑物的最终尺度依然受到一些限制，如建设应保证高线公园的通风和采光、适应周边建筑环境等。区划划定了多种开发密度区从而使新建建筑与周边社区的开发强度与风貌相协调，如大型开发项目位于北侧，而小型开发项目位于东侧。这个特别区的开发用地图最终像拼接起来的马赛克图案一样。

　　然而仅仅依靠限制建设密度来保证通风和采光是不够的。高线区的平面形状和太阳直射角度太过复杂，使得区划需要对靠近高线的新建建筑采取特殊规定，因为这些新建建筑将很大程度上决定高线公园的使用体验。为了研究这些特殊规定，规划局一遍又一遍地尝试不同的方案。新的建筑应该和铁轨相接吗？低层的建筑应该有哪些功能？建筑应该在什么地方后退？

　　最终这些规定编成条文作为特殊的高度和退线要求。例如，在高线公园同等高度的某个地块需要保证留有20%的开敞空间，另一个地块则要求15英尺（4.572米）的退线以保证高线公园能够达到100%的临街效果。当所有要求整合在一起时，我们就将得到一个以高线公园为核心的特色风貌群。

　　这个特别区不会在一夜之间蜕变。区划调整花了三年时间，在经济发展研究和最终的特别区章节间反复修改。条文修改的过程始终尽力满足各参与方的利益，无数次地修改图纸和建模使得谈判对话更具体、更有针对性。最终区划的通过为高线公园的实施打响了决胜枪。

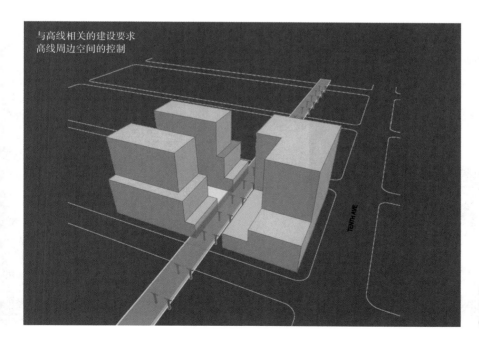

与高线相关的建设要求
高线周边空间的控制

**高线建筑体量要求**
（来源：纽约市城市规划局）

## 高线23号+第11街100号住宅塔楼

由于"高线之友"为高线公园准备了世界级的景观设计方案，他们的坚持为社区内的建筑设计设定了一个很高的标准。当建设真正开始的时候，开发商邀请了世界顶级的建筑师参与其中。当你看到社区内的两个标志性建筑——尼尔·德纳里设计的高线23号和让·努维尔设计的第11街100号住宅塔楼，你就能明白区划是如何发挥作用的。

如果高线当初如土地所有者所愿被拆除，那么第23街的511号土地将会建成一个5层仓库，位于第10大道和第11大道之间。这片地由27号、28号和43号地块组成。阿尔福还成立了一家公司，买下了位于开发权转移走廊上的一块地，这块地位于第18街和第11街的交叉口上，原来是工业用地，现在这块地得到了功能转变的许可，阿尔福将其转变为居住用地。

他邀请尼尔·德纳里这位洛杉矶顶级建筑师设计了一座紧邻高线的高品质商业公寓。由于规划要求高线附近的建筑必须建设在合理规模内，德纳里无法用完所有的开发使用权，于是开发商将剩下的15000平方英尺（约1393.55平方米）的开发权转移至第11街上他所拥有的另一块地上，那块地由普利兹克建筑奖得主、巴黎设计师让·努维尔设计成一座公寓。通过开发权的面积转移，努维尔的楼可以设计得更高、拥有更大的面积，使得公寓更加有价值。

**高线23号**
（来源：撒迪厄斯·帕洛夫斯基）（左）

**吉恩新大楼**
（来源：亚历山德罗斯·沃什伯恩）（右）

城市设计过程的每一步，都在不断提升高线的价值。高线下土地所有者从高线项目获得满意的收益，远远超过了推倒重建高线所能赚取的收益。德纳里设计的公寓由于紧邻高线而获得更多的价值（我多次走在高线上听到过往的人们指着那栋楼说希望能够住在那里，如果在顶楼会有多棒）。这座建筑已经成为这个地区的一个地标。努维尔设计的公寓也获得了额外的价值，他让这些价值体现在壮观、华丽的建筑外表上，甚至高线的灰色空间也获得了额外价值。开发商可以购买一层的开发权建设商店和艺术馆，保证了街道界面不会存在空白。但是对西切尔西特别区来说最大的价值还是公众可以体验到纽约的另一面，一种结合城市与自然的特征。这种改变方式凸显了高线的价值，并打造了独一无二的线性公园。

**简、鲍勃、弗雷德**

我想知道我最欣赏的三位纽约城市设计师是怎样看待高线公园的。我知道罗伯特·摩西会被相关数字震惊，区划变更的前五年，近20亿美元的私人资本已经投入这个社区，并创造了12000个就业机会，建起了超过1200个公寓和将近50万平方英尺（46451.52平方米）的商业空间。每年新的建设都在递增。摩西一定会被震撼到的，但是他永远也不会相信这么大的工程会是两个年轻人从社区会议上发起的。

简·雅各布斯会赞赏高线社区布局的咖啡厅和艺术馆，街道生活氛围的成功营造以及新旧建筑的混合维持了高线社区的特征，并吸引了新居民。但是简会对政府在社区变革的作用持怀疑态度。我怀疑她是否真的愿意相信，在这场变革中规划部门能够敏感地制定出有利于改善而非削弱社区特征的规则。

最后我觉得弗雷德里克·劳·奥姆斯特德会愿意行走于高线公园，就好像漫步在中央公园一样。但是他一定觉得建设一个高于地面20英尺（6.096米）的公园太过疯狂。

## 4.2　高线公园的时间线

项目的时间线显示了将哈蒙德和大卫的理念转化为城市设计的过程和相应的结果。

## 明确问题并建立一个新视角

1999年，为了抵制一些土地所有者提出的拆除高线的提议，哈蒙德和大卫组建了一个宣传组织，名为"高线之友"。他们不知道这个高架结构会变成什么样，但是他们遵循内心与直觉，认为拆除高线行为一定会对社区产生不利。

2000年，"高线之友"公开反对朱利亚尼市长、纽约市城市规划局局长和一些地产投机者，包括纽约最大的停车场运营商。哈蒙德和大卫在压力下砥砺前行，他们在第二年建立了会员体系，收到了从草根到名流等社会上的各种支持，包括影星爱德华·诺顿和服装设计师黛安·冯·芙丝汀宝。一些之前持反对意见的政治人物也加入了组织。规划委员会委员阿曼达·伯顿和市议员吉福德·米勒，都加入了"高线之友"。

2001年5月，《纽约客》杂志在头条文章《高线上的漫步》中，刊登了摄影师乔尔·斯滕菲尔德的"自然的高线"作品，让高线的再利用受到国际瞩目。6月，"公共空间设计信托"，一家非营利宣传机构，认识到"高线之友"理念的前瞻性。它首先组织了一次论坛邀请联邦、州、市的官员探讨高线再利用中政治、经济、设计的可行性。接着，这个机构委托了一家设计公司开展研究并形成了一份名为"开拓高线"的研究报告。

2001年11月，迈克尔·布伦伯格当选纽约市市长。12月，在意识到"高线之友"不断壮大的势头后，即将卸任的朱利亚尼市长在最后的任期里签署了拆除命令。"高线之友"对曼哈顿区区长发起诉讼，众人反对纽约市政府官员没有走完土地使用法定审查程序就下达拆除命令。

## 政策框架和经济发展研究

2002年3月，布伦伯格市长上任。他任命阿曼达·伯顿为规划委员会主席，吉福德·米勒当选为市议会议长。市议会通过了支持高线改建的决议。10月，市经济发展集团发布研究，研究显示改建高线在经济上是可行的，相较拆除的高成本，改建可产生更多税收。12月，规划局开始研究如何利用区划进行更新。纽约市联合联邦水陆运输委员会提出议案，要求加强高线的再利用。纽约高等法院裁定拆除高线应进行土地使用法定审查，至此官方拆除行动正式停止。

## 规则和规划

2003年，规划局开始制定工作框架，将高线的再利用和附近社区的更新工作结合在一起。社区仍为工业用地，而在社区中心，一些艺术馆开始兴起。规划局开始着手研究全新的高线公园将会怎样激发那些潜在的开发，从而实现混合社区的营造，达成城市多样化的目标。这份研究建立在一些早期经济研究报告的基础上，规划局以区划变更为目标，努力为西切尔西区提供商品房和保障性住房，创造高线开敞空间，提升中心区艺术功能，鼓励外围区用地功能混合，确保新建筑符合社区特征，并与高线开敞空间相协调。

之前倾向于拆除高线的土地所有者们再一次反对区划变更，直到一项方案的出台满足了他们的利益需求。类似于使中央车站免于被拆除的方案，这次的区划变更采用开发权转移手段，允许高线铁轨下的土地所有者们出售他们的开发权，并为其提供一块新的承接地。承接地在外围区，区划变更将会使这些地区形成更高的建筑群。承接地的功能包括居住和商业，这将比土地所有者手中的工业用地更有价值。

2003年7月，"高线之友"举办了高线公园设计竞赛，吸引了超过全球700位设计师的参与。设计想法包括将现有铁轨建设为自然步道、轻轨交通线或2英里（约3.22千米）长的泳池。这些优秀的想法得到展示，并作为前期造势活动，推动优秀设计作品入围下一阶段实际项目的设计。

区划变更的过程重点在不停地探索如何塑造高线周边建筑形态，从而实现保护社区特征以及为这座新的公园提供视线廊道、采光和通风的目标。在一次次与各利益相关方、社区中心、当地官员的商谈后，设计工作组不断调整方案，充分利用手绘和计算机绘图，提出塑造新建筑所需要的环境控制要求。这些要求需要适应建设量的提高，特别是新区划需要满足更多保障性住房的需求。"包容性区划"（Inclusionary Zoning）在部分区域得到落实，即允许开发商在建设量上额外增加30%，以保证在该场地提供20%的保障性住房。如果区划变更成功，开发权的转移得到落实，那么高线轨道下的土地或将面临荒芜，规划局特地增加了一项条款，允许少量空间回购。这样一来，高线下方就可以建设艺术馆和商店，既保证了街道活力的连续性，又避免了空地造成街道活力的中断和缺失。

2004年9月，"高线之友"和纽约市经济发展集团一致同意聘请三家公司为高线公园的设计单位。纽约市投入5000万美元用于设计建设工作。

2004年，区划变更进入土地使用法定审查程序，随后相关公共听证会和投票依次举行。

2005年4月，初步设计工作结束，并在当代艺术博物馆进行公示。结构设计和投标工作继续进行并持续至下一年。

2005年6月，土地使用审查获市议会批准，经市长签署后，相关规定开始执行。

## 高线公园的建设

2005年6月，纽约市发布联邦水陆运输委员会批准的临时轨道使用许可证。11月，高线轨道所有权转交给纽约市铁路局。

2006年4月，高线公园一期建设动工。接下来两年相关重点建设项目有序开展。

2008年，景观工程和植被种植工作启动。

2009年6月9日，高线公园一期对外开放，从甘斯沃尔特街至西12街。

2010年4月，高线公园开放不到一年吸引了200万游客[1]。

2011年6月8日，高线公园二期对外开放，从西12街至西13街。

2012年，高线公园吸引了超过440万游客，成为纽约市单位面积游客观光率最高的公园[2]。

高线之友的联合创始人约书亚·大卫和罗伯特·哈蒙德在高线公园三期工程建设前的合影
（来源：琼·加文，由高线之友提供）

## 私人投资项目的发展

高线附近的私人投资项目并没有等公园竣工才开始建设。在西切尔西区区划变更的基础上，只要满足所有权和投资资金，私人投资的改造项目就可以动工。当高线公园二期对外开放时，超过28个私人项目已经建设完工，总建设面积达200万平方英尺（185806.08平方米）。一个典型例子就是利用开发权转移建设的两栋公寓楼，一栋是尼尔·德纳里设计的高线23号，另一栋是让·努维尔设计的第11街100号住宅塔楼。

2005年7月，西切尔西区区划变更不到一个月，一家有限责任公司购买了西23街北段的一块高线下的土地。11月，高线23号的初步方案递交给纽约市城市规划局。

2006年1月，34520平方英尺（3207.01平方米）的开发权得到转移。

2007年4月，开发商埃尔夫·纳曼将第11街100号住宅塔楼的方案进行公示并准备开始建设[3]。

2008年11月，开发权转移交付完成。次年4月，纳曼宣布高线23号开工建设[4]。

2010年6月，纳曼的第11街100号住宅塔楼完工[5]。

2011年6月，纳曼的高线23号完工，高线公园二期同时完工[6]。

2005

2006

2007

2008

2010

2011

**从街道上看高线**
（来源：斯凯·邓肯）

在高线上驻足
（来源：斯凯·邓肯）

斯凯在高线上画画
（来源：亚历山德罗斯·沃什伯恩）

从公寓高层看高线
（来源：杰夫·舒梅克）

在高线上观赏车流
（来源：道格拉斯·摩尔）

夏天的高线
（来源：亚历山德罗斯·沃什伯恩）

新旧并存的高线
（来源：道格拉斯·摩尔）

在布鲁克林大桥公园划皮划艇
（来源：亚历山德罗斯·沃什伯恩）

# 第5章
# 更具韧性的城市设计

促 进城市的变革是城市设计的日常工作。在最后一章，我将研究一些具体的城市设计策略，这些设计使我们的城市发展更加可持续且具有韧性。我提出了一个评估这些韧性城市设计策略的框架—— 一套"生态计量法"，这套方法可以帮助我们，从长期的生态目标进行城市设计决策。来自世界各地的项目实例在其设计中采用这些策略，从而使每一座城市更好地适应环境，在发展中更具韧性，在资源的产生上更有创造性，并在整个过程中，使市民生活更加丰富。最后，我将这套方法也应用在我家所在的布鲁克林红钩区，看看这些策略是否也能改变我的社区。

韦性策略取决于两种相关但又截然不同的可持续发展战略。"缓解策略"（Mitigation）是指通过减少大气中温室气体 [二氧化碳当量（Carbon Dioxide Equivalent，CDE）] 的浓度来减少气候系统发生不利变化的可能性。而"适应策略"（Adaptation）被定义为"为减少自然和人类系统受实际或可能的气候变化影响而采取的措施。"[1]这两者通过一个风险方程联系在一起，将在下文"生态计量法"部分提到。但更普遍的观点是，它们共同作用于城市且两者都很重要："缓解策略"有助于降低未来气候变化风险的可能性；"适应策略"则减少了已经发生的气候变化给我们带来的后果。适应策略可以被认为是一种更谨慎的行为，采取保护性措施使城市更具韧性（如建造海堤或在基础设施方面进行投资）。缓解策略可以被认为是一种节约行为，通过改变我们的行为方式和减少设备消耗来节省金钱和资源，因为当今几乎所有的消耗都会导致温室气体的排放。

## 5.1  缓解策略

如果用于减少温室气体排放的缓解策略也能改变一座城市，从而改善市民生活质量，那么这类策略的应用也涉及城市设计。例如，如果技术目标是通过提高步行模式的比例来减少交通的总体碳排放，城市设计师可能会建议改善人行道的质量、舒适性和连通性。一项成功的缓解措施在指标上比较容易衡量，因为我们是在计算一个可计算的物理量的减少，例如碳排放吨数。实现这一目标的策略因城市而异，但主要目标是提高建筑物或交通的能源使用效率。当然，建筑是通过交通连接起来的，所以把它们放在多远的地方，以及如何连接它们，这些问题都很重要。建筑之间的距离，以及每栋楼的层数，都是计算密度的指标。

### 缓解策略——提高密度

那些不喜欢高密度的人开玩笑地说，最好的缓解策略就是搬到加州去。这指的是在像加州这样气候宜人的地方，不需要太多能源用来取暖或降温，所以其他形式的浪费（居住在庞大的、以汽车为中心的社区）也无关紧要。在室外温度接近理想室内温度的地方，建筑消耗的能源更少，排放的温室气体也更少。圣迭戈，一个典型的加利福尼亚郊区扩张的城市，年人均CDE为12吨，与美国全国平均水平的26吨相比算是相当节约了。

从科尔科瓦多看巴西里约热内卢的多纳马尔塔贫民区
（来源：布莱恩·斯内尔森拍摄，通过维基共享获得）

然而，巴塞罗那作为一个与圣迭戈一样温和的地中海气候城市，年人均CDE仅为4.2吨。为什么会有这样的差异呢？巴塞罗那的城市形态是密集紧凑的，这个城市步行性好，公共交通利用率高。由于气候原因，巴塞罗那和圣迭戈的建筑无需消耗太多能源；而由于高密度的城市结构形态，巴塞罗那的交通系统也无需消耗太多能源。

2009年的一项研究发现，如果一个城市的人口密度从每英亩10人增加到20人，那么温室气体的排放量就会减少40%。这些数据并不难计算，气候、城市形态和公共交通可用性必须被考虑进去。但总体来说重点是明确的：高密度的步行网络会使汽车尾气排放降低。

形式上的"反密度"会导致两种最坏的结果：拥挤+摊大饼。例如，巴西圣保罗的最大容积率是4（按照纽约的标准，这个数字相当低，因为我们的地块容积率可以到30），要想建造更受欢迎的高层塔楼，开发商就必须用大地块来平衡总体密度，这其中大部分土地未被占用。但这些地段都是封闭的，通常用来停车，公众无法使用。公众对于圣保罗建设的高密度及其密度限制并不买账。这就好像修建公园，本打算造福市民，却使公园无法进入。城市继续密集且封闭地扩张，使得一次通勤可达数小时，行人却几乎感受不到开放或连续的步行体验。

如果密度处理得当，即使是在一个习惯于"摊大饼"的城市中，它也会很有吸引力。乔治·华盛顿大学商学院的教授克里斯托弗·莱因贝格尔调查了城市化进程中美国人对城市密度的态度[2]。大致发现，三分之一的人想住在郊区，这些人无法想象没有汽车的生活；三分之一的人想居住在密集地区，希望能通过步行满足生活需求；还有三分之一的人不在乎何种方式，哪里最便宜就去哪里。

莱因贝格尔认为，这个结果与其说是某一类型的胜利，不如说是一个表态：人们想要的是选择。我同意这一观点，但我认为，对生活选项被缩减的担忧使得他们选择起来更加困难——低密度或高密度，步行导向或机动车导向。鉴于低密度、依赖汽车的发展带来的高CDE，全球郊区化可能会对缓解气候变化的努力造成灾难性后果。林肯土地政策研究所（Lincoln Institute of Land Policy）的报告支持了这一评估，报告称，世界上增长最快的城市在空间上的扩张速度远远快于它们在人口上的扩张速度，这意味着全球扩张的趋势反而是密度的降低[3]。如果世界上相当大比例的城市人口想要居住在郊区，我们就必须思考如何在满足需求的同时减少地球上的二氧化碳。有办法让郊区可持续发展吗？利用城市设计的技术，在降低排放的基础上，我们能否让郊区更宜居，拥有更好的公共空间和更高质量的生活？

郊区正在尝试通过改造以汽车为导向的基础设施，使城市功能联系更加紧密，在一定意义上提高郊区的"密度"。成功的购物中心正在转变为"生活方式中心"，主要街道和附属房屋被建在商店和停车场上方。为通勤者设计的自行车绿道和快速公交线路，这次最初来自拉丁美洲的创新，正越来越多地进入那些希望利用增加密度带来交通便利，但没有足够的资金或人口来支持地铁运营的郊区。

提高密度是缓解气候影响的一种手段，但它本身并不是目的。更重要的一点是，密度必须是被人接受的，而人们偏爱多样性。郊区不需要都是低密度，城市也不需要都是高密度。多样性本身就是一个有效的目标。

纽约市重视多样性。有大量的街区在密度和视觉特征上都属于"郊区"。是的，曼哈顿中城区的建筑地块容积率达到30，其他一些行政区只有0.3。就密度而言，这是一个超过一百比一的变化率。

提供多种类型的居住社区使纽约成为美国最可持续发展城市之一。所有这些不同密度的区域共享城市的基础设施，即使是低密度地区也比郊区的同类地区更有效率。多样的密度选择使人们既可以住在曼哈顿摩天大楼般的公寓里，也可以住在斯塔顿岛上有两个车库的独栋住宅中，而在布鲁克林、皇后区和布朗克斯区的城市密度则更为多样。当然，其中一些土地价格比较昂贵，为了解决公平问题，我们为新开发项目提供建设经济适用房的奖励政策。在某些交通便利的地区，城市将给予开发商30%的额外密度以换取项目提供20%的经济适用房。

## 缓解策略——以公共交通为导向的开发（TOD）

步行是最健康、最低碳的交通方式。但步行主要在邻里尺度范围内起作用。在当今特大的城市规模中，步行方式并不能单独对气候起到缓解作用。行人的流动性需要其他更快的交通方式将多个可步行社区连接在一起，在减碳的同时，还可以担负起一个现代城市中数百万次的出行。

今天所有的大城市都包含三种交通方式。汽车出行随处可见，大运量公共交通不可或缺，而步行的效能和愉悦也是不可否认的。这三种交通类型，促成了所谓的多中心城市的发展。在这些城市中，密集的区域（更专业的表达，就称之为"节点"）相互之间的联系就像原来市中心区域一样紧密。以公交为导向的发展模式（TOD）带来了当今密集化的多中心城市发展策略。公交系统惊人的能源效率使TOD成为"提高密度"这项缓解策略的首要工具——纽约市地铁的碳排放量只比城市路灯的碳排放量高一点。

你可以说TOD是纽约的"DNA"。在20世纪初，纽约致力于将地铁作为首选的交通方式，同时将城市主要发展空间布置在地铁周边。尽管罗伯特·摩西将高速公路网嫁接到了20世纪50年代的纽约这个交通大城市中，又尽管1961年纽约对区划条

**纽约市（上图）的增长是围绕现有和规划中的公交线路（下图）规划的**

（来源：纽约市城市规划局）

地铁通风口井盖和自行
车停车位前后对比
（来源：纽约市城市规划局）

例进行修订以适应汽车的使用，地铁还是保持着强大的作用。如今，每天有超过700万人乘坐地铁；与此同时，汽车的使用也达到了顶峰。在繁忙的一天，有大约超过70万辆汽车进入曼哈顿。但即便如此，小汽车的使用量也仅为地铁运量的一小部分。

如果你看一张规划图，看看我们计划在哪里安置下一百万的纽约人，然后再看一张地铁线路图，你就会发现他们是匹配的。我们希望在已经有运输能力的地方增加密度，所以我们在有公共交通的地方进行"区域上调（up-zone）"（通过调整容积率比来提高密度），而在没有公共交通的地方进行"区域下调（down-zone）"。这表明TOD策略可以通过集中发展高密度、可步行的区域来维护城市的开放空间。我们以此来保护那些需要驾车出行的低密度社区，通过限制发展防止它们目前的道路系统超负荷。TOD策略的目标是通过轨道周边与各个交通节点的发展使整个城市更具韧性，而同时利用"区域上调""区域下调"政策提供各种住房选择，使整个城市更具吸引力。

当然，并不是每个城市都能享受到公共交通系统的好处，地铁的建设成本也很高。针对这个问题，快速公交，更确切地说是有专用道的大运量公交车或许是解决问题的答案。这是一种将公共汽车的低投资成本与地铁的可预测性相结合的交通方式。巴西库里蒂巴市的市长杰米·勒纳成功地实施了快速公交系统，如今伊斯坦布尔和纽约这样不同的城市都在使用。

　　　　城市设计的本质——基于纽约在韧性发展上的视角

自行车确实有其固有的局限性
（来源：亚历山德罗斯·沃什伯恩）

纽约市的地铁系统也面临着城市韧性的挑战。2008年，一场短暂而突如其来的降雨淹没了城市排水处理系统，大量的水涌入地铁隧道。我们的处理方案是将地铁通风口井盖抬高5英寸（12.7厘米）。这是我们第一个成功的城市设计适应性案例。抬高井盖的方案解决了突发洪水的技术难题。我们将抬高的通风口设计为长凳和自行车架的基座，周围公共空间的质量也由此得到了提高。这是可持续城市设计的一个小胜利。但在飓风"桑迪"来袭期间，13英尺（3.9624米）高的海上风暴潮淹没了位于东河下的地铁隧道。我们没有准备好。地铁关闭了，所以城市也"关闭"了。我们必须以某种方式提高地铁系统的适应能力，因为我们对地铁的依赖性难以降低。地铁系统是纽约城市发展的中坚力量，它是我们分布城市密度和混合土地功能的重要骨架，我们依据公交系统运力来发展我们的城市。

在TOD规划中，我们应该格外注意"最后一英里"。地铁和公共汽车不会让你在家门口下车，交通规划师称之为"最后一英里"问题。无论到最终目的地的确切距离是多少，这段距离人们都必须步行。纽约一直把从地铁到家门口的这段路程看作是一个机会。改善城市步行网络是首要任务，我们投入大量精力改善人们步行的公共空间质量。从某种角度来说，提高城市可步行性是纽约最重要的碳排缓解策略。如果在出行的最后一英里没有一个愉快和安全的步行体验，那就不会有太多人使用公共交通工具。警察局的责任是保障街道的安全，在城市设计工作中，设计师也努力使街道使用起来更加愉快且实用。前一章详细介绍了高线公园怎样创造出功能完善、舒适的步行网络（人行道非常值得称赞）。最重要的是，步行网络带来了城市的可持续性，TOD和步行网络使一个超大城市成为一个多中心城市和一个个可步行街区的结合体。纽约TOD成功的一个典型例子是建筑开发与公共交通的相互支持。位于曼哈顿第42街的美国银行大厦与街上另一座摩天大楼克莱斯勒大厦一样，也依托于公共交通，在塔楼的入口处有一个通往地铁的入口。与地铁共生是纽约公共建筑的一个传统，纽约经常通过提供公共交通奖励来鼓励建筑物对周边地铁站加以改善，这是一种区划激励机制，通过允许建筑更密集，来换取公共交通系统的提升。

当把美国银行大厦作为TOD的一个例子与郊区一个同样200万平方英尺（约18.6万平方米）的低密度办公空间比较时，它所达到的缓解效果是十分明显的。运营地铁的大都会交通管理局（Metropolitan Transit Authority）希望在考虑到上班族通勤所消耗的能源的情况下，计算出高密度开发项目所能减少的碳排放[4]。在塔楼模式中，你有一栋没有停车场的高楼；在郊区模式中，你有10栋较低矮的建筑和180万平方英尺（约16.7万平方米）的硬化停车场地——停车场面积和办公空间面积差不多。从碳排放角度看，该塔楼在建造所需的材料以及运行所需的能源方面效率更高，但如果郊区建筑采用与塔楼相同的隔热层、轻型搁架和其他绿色建筑设计手段，两者的差距就不大。当考虑到内部员工的通勤时间时，能源使用和碳排放的显著差异就出现了。根据大都会交通管理局的研究，塔楼和它的公交乘客每年每平方英尺使用41000个BTU（英热单位），郊区办公园区和它的汽油车通勤者每年每平方英尺使用201000个BTU（英热单位）。

### 缓解策略——建造更好的建筑

建筑物可以通过协调设计方案以及更好地结合公共交通来减轻碳排放。通过协调建筑之间的关系，一个街区可以形成更好的步行环境，建筑设计可以使高密度街区更具吸引力，从而起到配合减少碳排放的作用。

建筑物可以通过塑造其边缘形态，形成室外或公共空间，进而打造良好的室外步行空间。在建筑学中，这种不被建筑物占据的公共空间被称为"负向空间"。但它应该被称为"正向空间"，因为它可以是对一种极其宝贵资源的补充：精心设计的公共开放空间。街道界面的艺术就是通过建筑设

曼哈顿美国银行大厦
（来源：亚历山德罗斯·沃什伯尔尼）

计之间的协调，让建筑之间的消极空间组合形成一个让公众能够在户外享受市民生活的公共空间，建筑师精心设计的建筑连续界面包围着这个公共空间。它可以像法国巴黎的孚日广场一样精美，或者像中国香港的市场摊档街道一样具有烟火气。如果一个建筑师不把他或她的建筑看作一个单独的物体，而更多地看作是一个建筑群的一员，那么一个具有公共用途的室外空间就可以和建筑立面一起被设计出来。

单独看来，今天的建筑远比一个世纪前更加节能。全球绿色建筑运动之所以成功，部分原因在于节能建筑不仅是可持续的，而且由于对不可再生能源需求的降低，长期看来同样具有成本效益。控制光线、隔热墙体和屋顶绿化等节能技术正成为建造新建筑的建筑师的习惯性选择。世界各地都可以找到节能技术相关的导则和评估体系。LEED（能源与环境设计先锋）体系源于美国；阿布扎比有Estidama计划；英国有BREEAM计划；印度绿色建筑委员会对住宅和公共建筑有各种标准；中国有绿色建筑认证体系。新的、更为综合的方法体系正在从这些最初的标准中发展出来，例如"有生命的建筑挑战"（Living Building Challenge），它不仅密切关注一座建筑的建成情况，而且还要求监测它未来长期的表现。

如果没有这些标准和导则，我们不可能从广告狂人时代浪费能源的单窗格摩天大楼转变成今天的零能耗建筑。但在这些尝试中有点官僚主义的迹象。标准很快就成了教条，尤其是当大型的国家委员会管理时，总有一种危险的倾向：为了获得最高分而忽略全局，忘记建筑如何使世界更加可

中国香港市场街
（来源：亚历山德罗斯·
沃什伯恩）

持续发展。是的，建筑本身在使用能源方面必须更加高效。但是，它们也必须建在恰当的地方，与周边的建筑建立恰当的关系，采用恰当的改进方式。除此之外，设计师必须对新出现的可持续性概念持开放态度（例如生物亲和力和仿生学，它们模糊了自然和人为的区别，支持自然和城市是一体的概念）。这些都是在实践中逐渐发展出来的。

然而今天，最好的应对气候变化的措施，就是把最大体量的建筑放在最密集的交通节点上，并使建筑尽可能节能。之前提到的美国银行大厦就是一个超大规模的节能建筑和中心交通节点结合的成功实例。

美国银行大厦有55层楼高，它占了一个街区的一半，拥有超过200万平方英尺（约18.6万平方米）的可用空间。它有各种各样的空间，包括一个公共广场，一个重建的历史上的百老汇剧院，巨大的、通透的办公楼层，一个空中花园，许多地下室，高速电梯和大量的可出租商业空间，高高的尖顶在数英里外也能看到。建筑师鲍勃·福克斯是在建筑开发商道格拉斯·德斯特的指导下，将它设计成绿色建筑。这是第一座获得LEED铂金评级的巨型塔楼，在设计时，它超过了能源准则要求标准的三分之一。

这座建筑使用了许多"缓解措施"来减少其碳足迹。它有一个地下冰场，晚上用电能冷却水，白天用水给建筑物降温。它有隔热的幕墙立面，玻璃上蚀刻有用来遮光的图案，玻璃的后面还有自动百叶窗。这种玻璃与灯架配合，将阳光投射到远处的地板上，从而减少了建筑物对电力照明的需求。电灯本身就消耗电力，同时会产生热量，这就需要更多的电力来运行空调进行室内降温。该建筑通过抬高地板调节冷热空气，使独立工作空间实现温度的微控制。实验者在大楼里占了一块空间，在角落办公室试验了一个双层玻璃立面的技术方案。这项技术使该空间形成了一个狭窄的温室，将其与外界的冷热隔绝；站在曼哈顿街道上空1000英尺（304.8米）高的两块玻璃幕墙之间，有种奇异的感觉。

如果不是因为市政府和州政府的规定，这栋建筑本可以更高效节能。例如，杜斯特公司拥有一个热电联产设施，它是一台高速涡轮机，可以将天然气转化为电能，而每单位能源的碳排放只有电力公司所需的一小部分。它可以产生足够的电力来维持大楼的运转，甚至可以把多余的电量送回电网，通过分布式发电来减轻老化的基础设施的负荷。然而，复杂的消防法规和电力公司的定价方式，使这座大楼无法实现资源利用率最大化。在与市政府官员的一次会议上，我们称赞这座建筑卓越的可持续性，杜斯特呼吁："改变规则，普及这类建筑。"这段谈话让我认为，可持续性建筑设计的长期目标是改变标准和规则，使每栋建筑都能回馈城市，并以再生的方式生产其消耗的一部分能源。

尽管新建建筑的效率非常高，但城市的建筑更新速率太低，新建筑无法在足够短的时间内带来足够的改善。实现我们这一代人碳减排目标的唯一途径是为现有的建筑提供改造方案。

改造建筑物以缓解碳排效果的典型方法是采用更高效的设备、更好的密封性以及绝缘的建筑外壳。建筑的垂直面（即立面）一直具有多重作用：隔热、照明、遮光、通风、彰显个性与特色。建筑立面也塑造了街道界面，是行人在街道上行走时充满质感和动态体验的背景。而在纽约，区划条例和建筑规范的结合，使得越"薄皮"[①]的建筑越受青睐，这些建筑立面仅起到空间容器的作用。我们正努力通过一系列区划和建筑规范的修改来改变这种状况。建筑立面不仅仅是建筑内部空间的容器，它也是建筑外部空间的背景墙。

改变现有建筑的设备系统是另一个主要的缓解措施。有时这很简单，比如把锅炉的燃料换成天然气而不是纽约房东们喜欢使用的燃料油，后者虽然脏但是便宜。还有一些方案：如照明和空调设备采用传感器；或冷却

---

① "薄皮"建筑（thin-skinned buildings）是指外立面采用简单的玻璃等材质构成，建筑节能性差，且街道立面形式单一。

建筑物的结构以降低室温；或从照明中回收能量来给室内加热。

　　改造建筑物的真正问题是要有合适的激励机制。机械工程师所能提供的想象力和专业知识是无限的。然而，建筑业主翻新建筑所花的钱是有限的。如果不征收碳税或针对所有外部因素对燃料价格重新定价，能源成本仍然会太低，大多数资本密集型改造获得的回报都太少，那么就无法说服业主进行投资。因此我们需要想出其他办法来激励改造。也许是区划奖励，也许是减税。改变现有建筑的成功缓解策略将出现在政策、财政和设计的交汇处，这在很大程度上取决于城市设计师。

## 缓解策略——资源创造

　　与道格拉斯·德斯特的谈话让我想到，建筑减少净排放的另一种方法是生产一部分能量。它代表了一种叫作资源创造的缓解措施。这种资源创造的策略不是通过减少使用来促进减碳，而是通过替代品达成目标。一座建筑可以用太阳能光伏板来再生能源，而这将取代化石燃料发电厂的能源。然后消耗这些能量来运行空调，而不会因为排放碳而感到内疚。丹麦著名建筑师比亚克·英格尔将这种方式称为"环境享乐主义"。他喜欢做大规模的项目，通过资源创造来平衡消耗。英格尔年轻、乐观、有才华，他与当代布鲁克林

**丹麦著名建筑师比亚克·英格尔**
（来源：斯凯·邓肯）

那些沉默寡言的"完全不受影响的人"相反，那些人的胡子、法兰绒衬衫和家常腌肉，暗示着他们像是住在4层的楼梯公寓里，过着与世隔绝生活的人。英格尔让这种策略看上去魅力十足，我认为这是最伟大的缓解策略，它能够改善人们的生活品质。他利用城市中丰富的创造力来创造食物、水、电甚至土地，这样我们不仅可以在城市里生活得更丰富，同时还能替代那些原本排放温室气体的能源。这样的策略适用范围广泛，上至大都会交通管理局的超大规模"乘风"设想（一系列为地铁供电的海上风力涡轮机），下至布鲁克林庄园屋顶农场的简单改造方案。我想如果给我位于红钩区房子的屋顶上安装太阳能光伏板，那我就能在屋顶花园里享受一两颗蓝莓的同时还能应付夏季空调的峰值负荷问题。

通过对生产力的估算，资源创造策略也可以应用到城市设计条例规范中，例如改变区划以允许垂直农业作为一个地区的用地功能，或者限制体量，以确保一定的阳光可以照射到公园。评估一个建筑是否具备贮存和创造资源的条件是相对直接的方式。毫不意外，这主要取决于不同空间类型的不同特点。例如，不要指望绿色屋顶对摩天大楼的生态指标有多大影响（相对于建筑的总面积来说，绿色屋顶的面积实在太小了），但是联排别墅的绿色屋顶可以取得惊人的成就（绿色屋顶可以是房子面积的三分之一）。一个非常有效的方法是在城市中选择一种常见的建筑类型评估它的资源生产能力：通过隔热、遮阳和设备效率来量化节能量，然后评估通过太阳能和风力发电能产生多少能量，以及建筑地块的地热热交换能力。它将表明，每座建筑都有能力根据其特点，利用生产来补充一部分它所消耗的资源。另外，我们需要注意城市的资源创造和缓解措施也有所关联：就地创造的资源不需要从远处运输。因此，它应该得到缓解措施的加分，因为它免去了运输产生的碳排放。即使是输电，电路中的电阻也会导致输电损失。距离越长，发电量的实际使用比例就越低。因此，如果电力是就地产生的，并且只从屋顶太阳能光伏板传输到房间的空调，这将是非常高效的。

能够生产资源的缓解措施依赖于创新，你必须很聪明，才能让一些事从无到有。甚至可以说，高线公园项目是一个资源生产的例子。从效果来看，该项目在没有使用实际土地的情况下，创造了新的公园用地。它结合了两个社区积极分子的创造力和一条废弃的高架铁路线，其结果是给城市带来了一个新的资源：高级公园。在任何城市，创新都是一种丰富的资源，因为城市吸引着有创造力、充满活力的人。在建筑尺度上将个人创造力转化为资源生产将会产生一个强有力的原则：每一座建筑都应该生产它消耗的一部分资源。这能否成为区划条例？为城市降低整体能源消耗和增加可再生资源的行为应该得到相应的激励。

### 缓解策略——碳捕获

要想总结一下我们对缓解措施的相关讨论，我们需要考虑到一个技术，那就是"碳固存"。这个技术也被称为"碳捕获"，这项技术被视为缓解措施中的一个"灵丹妙药"，如果成功，它可以在不改变城市形态的条件下有效减少排放。碳捕获是一种技术上的解决办法，但它不是城市设计，因为它寻求维持现状而不是改变现状。

例如，一些人认为碳捕获装置可以被设计用来去除烟囱中的温室气体，这样即使是燃煤发电厂也可以将微不足道的温室气体排放到大气中。反过来，它们产生的电能可以为现有的高耗能的郊区住宅供热和制冷；也可以给电动汽车充电。有了这些技术上的方案，目前以化石燃料为能源的土地利用和蔓延的交通网络所产生的温室气体将被消除。

蔓延还有其他不可持续的方面，蔓延导致土地利用效率低下，蔓延所需的基础设施和其他外部因素缺乏成本追责的机制。目前，郊区的生活方式比密集的城市生活方式产生的碳排放量大得多，这需要改变。但如果因为技术提升而改变，那就随它去吧。反对郊区的排放争论将会消失（也许这会让那些把这个问题当作道德论据的人感到懊恼）。但如果有些人声称明天会有这样的技术，因此我们今天不需要改变，你要当心他们，他们的承诺很可能是在保护一个根深蒂固的利益，而不是保护环境。

## 5.2 适应策略

尽管我们可以推测缓解策略对于减少碳排放的能力，也可以推测未来气候变化的可能性，但城市仍迫切需要适应性措施，以减少已经发生的气候变化造成的后果。对一些城市来说，问题是干旱；对纽约来说，问题是洪水。这种提高适应力的紧迫性，我在自己社区的洪水中感受到了，连续两年被迫疏散和关闭的地铁记录下来了，需要支付两次风暴造成损失的州政府和联邦政府也体会到了。这些应该是百年一遇的风暴，或者根据一些计算，是五百年一遇的风暴。然而他们却接二连三地发生了。明年会怎样呢？

我们只有谨慎地应对和适应。但谨慎到底能够多谨慎？没有一个城市能够采取所有的预防措施，并且保证这些措施是绝对安全有效的，这在统计学上是不可能的。因此，想要采取适当的适应性措施，就需要先衡量风险。在应对洪水的过程中，必须平衡一些缓慢变化所带来的风险，如海平面上升，以及诸如飓风这样的严重事件。海平面上升的可能性很高，但它是一点一点升高的。飓风的概率很低，但它一旦来袭，其后果是即刻和毁灭性的。最谨慎的做法能够同时应对这两种情况，但有些适应性措施也可能只对一方面起作用，例如将沿岸的护堤提高到新海平面以上可以应对海平面的上升，但应对不了更高的海平面所产生的风暴潮。

在哪里采取这些适应性的措施和采取哪些适应性措施同样重要。因为适应性总是本地化的，谨慎的措施需要更好地了解城市本身。规划或应急管理部门的工作人员需要从气候变化的角度来了解他们所在的城市。哪个部位最脆弱？哪种基础设施最关键？哪个社区的恢复力最差？每一种设防、恢复或退避的适应行动都是一种特定的地方性对策。气候变化问题可能是全球性的，但适应性措施总是局部的，一个城市越了解自己，它就越能够花最少的力气做出具体的适应性方案，从而降低这个城市将会遭遇最大风险的可能性。

城市适应力有三个基本策略：设防，加固边界；韧性，弯而不折；躲避，避开危险。看到我自己的房子被淹，我认为最好的策略是把这三者结合起来。此外，我会在多个层次上对这些防御进行分层。确切地说，飓风可能袭击的地点、移动的角度以及它袭击时的潮汐状态将在很大程度上决定损害的程度和位置。量化这些可能性并确定应对这些可能性的需要先进的风险管理技术，而不仅仅是靠天气预报就可以完成。纽约是一个被多个政治边界包围、位于不同流域、海洋、河口和河流系统汇合处的群岛。这使得其量化过程非常复杂，反馈的过程也需要许多政府部门共同配合。纽约市应急管理部制定了这个城市的应急计划，但它必须与联邦应急管理局以及海洋与大气管理局协调，以便更充分地了解潜在风暴的移动。这些努力得到了当地机构的帮助，例如史蒂文斯理工学院的戴维森实验室（该实验室在纽约港安装了传感器，并有纽约港水流速度、方向和盐度的实时网络地图）。各个相关机构都提供了大量的数据信息，这些信息将支撑至关重要的决策，告诉我们应对灾害需要准备什么和如何准备。我希望将不同规模尺度的分区和适应性的策略结合起来，使我们的应对措施多样化，并在一系列应对措施中分担风险管理，以避免意外的随机事件——超级风暴——使我们所谓的完美计划全军覆没。

## 适应性策略——设防

罗马帝国衰退时，在混乱中游荡的破坏者威胁到首都君士坦丁堡时，狄奥多西皇帝修建了城墙来防御被洗劫的危险。同样地，当面临洪水从大海涌向泰晤士河的威胁时，伦敦市降下了泰晤士河堤的防洪门。这是一种防御行动，一种通过加固边界来防守的策略。到目前为止，这种策略在伦敦已经奏效了。如果防御工事坚守在拦河坝上，那么就没有必要抬高建筑物或建造其他的构筑物来抵御洪水。但是海平面的上升和风暴强度的增

**格林威治村圣卢卡斯花园墙**
（来源：亚历山德罗斯·沃什伯恩）

**布鲁克林周边地图显示了戈瓦努斯的防御工事**
（来源：乔治·S.斯普劳尔）

第5章　更具韧性的城市设计　　　　**161**

加，使得伦敦当局正在考虑在下游更远的地方修建更大的拦河坝。这座城市依靠其外围的防御工事有效防止了洪水的泛滥。也许伦敦会像君士坦丁堡一样幸运，那里的城墙花了将近一千年才被攻破。

"一万年"是荷兰人判断他们的防御工事的标准。这些防御工事是用来防治水灾的。低海拔的荷兰有21%的人口生活在海平面以下。1953年的洪水导致近了2000人死亡，为了防止像那场的洪水一样的灾难，荷兰人规划了强大而系统的防御工事，建造了1800多英里（约2900公里）的海堤和6200多英里（约1万公里）的堤坝。这些防御工事建设已达到最大规模，且它们已就位了，尺度较小的城市和建筑物就不需要再进行同样程度的设防。荷兰人精确计算了成本和洪水发生的概率，决定在区域尺度内用国家资源建设防御体系。这是对于荷兰防止风暴灾害最有效、最具价值的策略。

设防也可以在小尺度下进行。创建一个防水外墙就可以保护低于洪水位的空间，从而使建筑物能够避免洪水。在纽约，只有商业用地可以采用此方法；在洪水线以下不允许建造住宅区。但在现实中可不是这样，许多现状建筑的地下室被非法改建成公寓，这让那些毫无戒备的租户面临极大的风险。因此，如果无法保障单个建筑的防洪功能，那么就需要在街区尺度进行设防。一个精明的解决方案是在一个街区周围预先安装带有临时密封墙的地基。当风暴事件预报时，居民们将会撤离，卡车会把钢铸墙体运到地基处，在洪水期间保护房屋。风暴过后，墙板拆除，居民们则回到他们没有被风暴打湿的家。

### 适应性策略——躲避

第二个适应性策略是在建造过程中增强对灾害的抵抗力，这样能够暂时适应风暴带来的破坏。这种方法可以像使用抗洪材料一样简单，也可以通过设计加强建筑的被动生存能力，这意味着我们要将避难区纳入设计中。人们可以暂时搬进加固或升高的避难区，食物、水和能源储备让人们安稳度过风暴。

### 社会适应

弯而不折，不仅是物理属性的适应性，它也可以是社会的适应性。巴西圣保罗非常容易受到河流洪水的侵袭，这座城市建在巴西高原脚下的一个高地上，并且延伸到皮涅罗斯河和蒂特河之间。这座城市肆无忌惮地在陡坡上甚至在支流的河床上修建贫民区（favelas），使得排水变得更加复杂。为了应对这种情况，圣保罗修建了大量的地下蓄水池，以收集季节性暴雨带来的径流。整个系统由视频监控，并通过24小时的指挥中心进行操控。

但技术上的适应力并不能解决根本问题，因为根本问题是社会问题。圣保罗是一个伟大的城市，它的人口与纽约相似，而且和纽约一样吸引着整个美洲最优秀和最聪明的奋斗者。它对那些成功的人来说是迷人的，充满活力的，丰富多彩的。但成功者与未成功者（或尚未成功者）之间的鸿沟是巨大的。从直升机上看，这座城市是一个好看的"绣花被"，豪华的塔楼和密集的贫民区比邻而居。穿过垃圾和洪水泛滥的帕拉伊斯波利斯贫民窟，你会到达一堵墙。墙的另一边是一个私人网球场，抬头隐约可见一座奇怪的白色塔楼。只有从直升机上你才能看到，在塔楼每个阳台的后面，是每间公寓的私人游泳池。

圣保罗社会动荡，居民为不断上升的犯罪和暴力事件感到担心，平均每75名居民中就有一名非法持枪者。青少年的主要死因是谋杀，而他们占了全

**巴西贫民窟的孩子**
（来源：戴维斯·汤普森·莫斯）

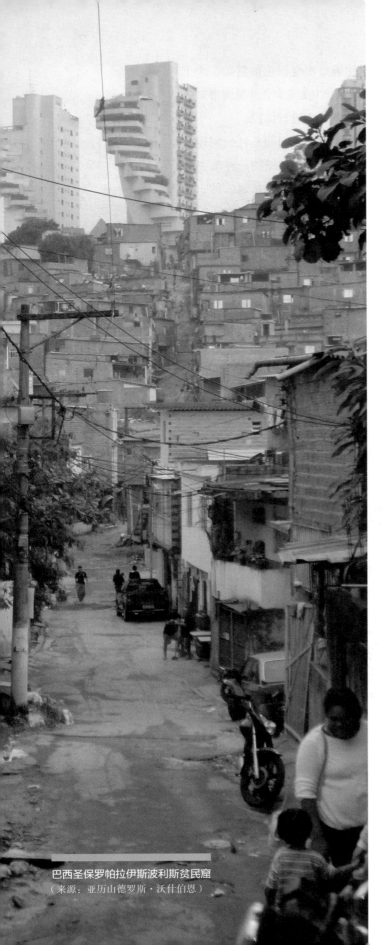

巴西圣保罗帕拉伊斯波利斯贫民窟
（来源：亚历山德罗斯·沃什伯恩）

市人口的最大部分。三分之一的城市处于警察难以控制的贫民区。在克拉科兰迪亚（Cracolandia）街区附近，高层建筑曾被黑帮占据，建筑上绘有涂鸦，这里到处都是非法占屋者。

相比降低城市脆弱性和增强抵御气候变化的能力，对圣保罗来说加强社会内在的抵抗力远比外在物质空间上的抵抗能力更为重要。在气候问题压力不断增大的时代，一个不同群体之间相互不信任的社会是脆弱的，它增加了气候冲击的风险。在这种背景下，城市适应力首先需要打破贫富之间的界限，提高人们对政府的信心。主要的挑战是从现在的暴力和偏见中退出来，承认各方人性的一面，直面问题，就像艺术家JR在里约热内卢一个贫民区的墙上贴上居民的巨幅照片一样[5]。

圣保罗政府和人民知道缺乏社会抵抗力是一个问题，他们正在努力克服这一问题。但是如何做呢？圣保罗在城市发展部（SP Urbanismo）部长的领导下成立了一个组织，负责推行具有适应力的城市设计，也包括社会适应力。它目前重点专注两项战略，一个是将基础设施引入现有贫民区，另一个是在棕地和已拆除的贫民区建造新的住宅区。圣保罗城市发展部和该市的住房机构（COHAB）开始关注贫民区，将它们与大都市的基础设施连接起来，并提高贫民区的住房质量。在赫利奥波利斯（Heliopolis），他们梳理了部分街道，美化了景观，并对部分道路进行了铺装。曾经的排水明渠现在成了一条正常运转的街道，沿岸的棚屋现在变成了更坚固的房屋。不幸的是，现在沿街都设有安全高墙，但将贫民区连接到城市已算是进步了。它提升了贫民区的生活品质，改善了城市防洪系统，并有助于将贫民区人口融入更大的城市中，但它的成效十分缓慢，问题在于这种改造能否跟上惊人的需求。根据预测，在未来15年内将会有100万个单元需要改造。

所有城市都有弱势群体，社会适应力是一种减少极端天气对弱势群体影响的策略。社会学教授、纽约大学公共知识研究所所长埃里克·克林伯格研究了这种严重的热浪灾害对芝加哥社会的影响，研究发现社会交往网络对极端天气中的社会救助至关重要，尤其是对社会中的独居老人而言，社会交往网络的互助让他们在热浪中成功存活下来[1][6]。

## 适应性策略——有计划地撤离

随着人们对洪水危险性的日益认识，一些人想知道为什么城市不干脆退到高处。有这种想法的人，甚至包括一些在州或联邦层级工作的环境监管人员，他们并不了解一个城市在其所在地所付出的巨大的财政和情感上的投资。

一般来说，大城市的人都是扎根在这个地方，并以这个城市为荣，人们不会离开。他们的资本在几代人的建筑和基础设施上得到再投资。以伊斯坦布尔为例，尽管战争、侵略、瘟疫和干旱威胁着这座城市，但其常住居民从未考虑过大规模撤离或放弃这座城市。事实上，这座城市一直存在于不同的帝国和不同的名字之下：拜占庭、君士坦丁堡、伊斯坦布尔。今天，它再次成为世界主要城市之一，也是欧洲人口最多的城市。然而，今天的这座城市有许多"棚户区"或"临时过夜居所"[2]，其中一些是在洪泛区非法修建的。这些地方正处于危险之中；在2009年，这些定居点的排水渠承受不住压力，引发了洪水，有30多人死于其中。虽然在政治上很困难，但解决方法就是将这些街区全部搬走。但是，如果走过这些街区，你会发现它们看起来和其他任何地方都一样，满街卖水果的商店，女人们边把洗好的衣服挂在绳子上边和邻居交谈。几乎没有人会感觉这里处在危

---

① 在研究中发现在热浪这种极端气候的袭击中，拉丁集聚区凭借其较好的社交网络在热浪奇迹中丧生的老人数量比白人区少得多。

② "overnight neighborhood"临时过夜居所。

险中。是的，这些街区是建在禁建地区，但从家园搬离是很困难的。当人们来定居时，他们就爱上了自己的社区，人们很难自愿搬走。纽约市政府正在斯塔滕岛区尝试收购那些位于灾害影响范围内的房屋。某些城市，如孟加拉国的达卡，赋予其市区重建局充分的权力，允许他们征用并拆除房屋。在其他城市，非自愿拆除可能在政治上不可行，而工程方案的成本又可能高于贫困城市的承受能力。如果住在阿斯塔尼亚河漫滩的伊斯坦布尔居民继续留在这里会怎么样？搬家可能是痛苦的，但留下来则可能是致命的。

在世界范围内，街区动迁都是一个与穷人数量不成比例的问题，世界各地的贫民窟都位于没有任何发展价值的廉价边缘，通常是因为这些地方暴露在洪水或岩石滑坡的威胁之下。土地是合法的还是非法的往往是一个难以追溯的问题。例如，里约热内卢的普罗维登西亚贫民区已经被非正式占领了一个多世纪。这个难题没有明确的解决办法。将社区从危险中移走是一个难题，随着气候变化的加剧，这个难题只会变得更加紧迫。

只有一种尺度的撤离策略相对容易实现：建筑尺度。在这里，撤离意味着把住宅和重要的公用设施建在洪水区以外。如果一个区域的风暴潮可能达到10英尺（3.048米），那么将底层作为零售而不是住宅用途是非常合理的，因为当洪水消退时，你可以随时重建和补充商店的货架。配电设施以及取暖锅炉可以移到上层，在那里，当电力恢复时，它们就可以工作了。底层建筑可以有容易砸破的墙板，避免水流对整体结构的冲击，水流的侧向荷载将不会传递到结构框架上。

采用可活动的楼板或者将建筑的第一层提高至洪泛区之上，是建筑设计层面一个避免洪水的有效方法。例如，在许多海滩住区，这里的房屋是架空的，人们往往把车停在下面。但是，用这种抬高的方式在建筑密集区中建造一座建筑物是很有问题的。首先是建筑用砖石建造的成本问题，以及建筑物相连时共用墙的实际问题。你不能只抬高一栋房屋而不抬高与它相连的建筑。但是可活动楼板的另一个问题是它对街道的步行景观的影响。如果建筑物里发生行为活动的高度超过人行道几英尺，地面上取而代之的是停车场，走在街上就成了一件无聊的事。街道的社会生活就会受到威胁。如果我们不再有"盯着街道的眼睛"，那么自上一代人以来，我们在纽约安全方面取得的巨大进步可能会受到威胁；如果我们在曾经有商店和公寓的地方建停车场，经济活力就会受到威胁；如果联排房屋的底层都不能再出租去支付抵押贷款和保险的费用，居民的经济承受能力就会受到威胁；如果我们不再热衷于走在各种各样、热闹的街道上，公民健康就会受到威胁。这个例子说明，如果一个社区仅仅考虑抗洪能力，很可能会降低市民的生活质量。因此，我们正在努力解决这个设计问题。

## 5.3  生态计量体系：缓解与适应的持续跟踪

对改变的渴望给了一个城市变好或变糟的机会。生态计量法可以对城市进行评估。城市设计管理的是一个变化的过程，因此，城市设计需要一系列的指标。我们无法管理我们不能衡量的东西，如果城市设计不但要提高市民生活质量，同时还要适应已经发生的气候变化并应对未来的气候变化，那么我们需要一个能够真正检验城市设计进程的衡量体系，我们称之为生态计量体系。在这样的计量体系下城市设计既可以对科学现实负责，又能对我们的价值取向负责，使城市既宜居又可持续。以此为指南，使城市在更具韧性和减少碳排放的各种行动中做出合理选择，为城市发展腾出空间，并提高市民生活质量。生态计量体系可以帮助我们决定什么样的改变值得付出怎样的努力和代价，最终获得怎样的收益。生态计量应该是一目了然的，让模糊的概念变得清晰。为了改变我们的城市，我们必须做出各种高成本的、全覆盖的、长期的城市设计决策，这些决策将影响下一代人。如果仅仅依靠良好意愿，一厢情愿地制定这些没有任何衡量标准的政策，这样做可能就如同在我们的社区里开辟了一条"地狱之路"。

生态计量体系可以同时定量评估缓解措施和适应措施。我希望这个评估体系能够被纳入更为成熟的"三重底线概念"当中（"三重底线概念"旨在评估一项决策对社会、自然和经济的影响）。但我想象中的生态计量体系并不能立即转变为会计的那种收支账簿，它们需要整合抽象的风险规避措施。处理未排放的温室气体量的缓解措施和应对气候灾害的适应措施在什么都不发生的情况下都是成功的。两者都有不同的度量单位和度量过程，前者是假设的，后者是随机的。风险是他们联系的桥梁。

### 风险 = 概率×后果

纽约市的飓风风险比新奥尔良市高。虽然飓风袭击的概率较低，但由于纽约是一个更大的城市，其造成的后果更严重。生态计量体系运用风险方程来建立缓解和适应之间的决策关系。缓解措施可以理解为减少风险发生概率的措施：它可以降低大气中温室气体的指数，从而有助于减少极端天气所积蓄的能量，并降低未来极端天气事件发生的可能性。适应措施可以理解为影响后果的措施：海堤可能会保护城市免受确定到来的风暴潮的影响。如果我家附近有一个14英尺（4.2672米）高的海堤，"桑迪"的风暴潮几乎不会造成什么后果。当然，随着温室气体的增加，下一次风暴潮超过14英尺（4.2672米）的可能性更大。因此，适应措施和缓解措施是相互联系的。那么，简写的等式可能是：

### 风险 =（概率 - 缓解）×（后果 - 适应）

因此，如果想管理气候风险，我们所做的一切都应该以降低概率或降低后果为目的进行设计。换言之，如果今天没有缓解措施，明天任何适应措施都将不堪重负。我写这个公式，并非表示生态计量法的数学体系已经成形，其实它并不存在。

我们已经有了这个系统的部分内容，例如纽约和其他城市每年都在监测缓解措施下的效果。我们有政府和私人保险公司制作的海浪预测模型和洪水保险费率地图。联邦应急管理局用HAZUS算法来估计那些可能发生的风暴后果。但我们无法在最大的图像层级上对已知的一切进行量化整合。

如果生态计量体系首先能够在"缓解"和"适应"的可持续性策略之间进行指标的标准化，那就可以对规则、规划和实施项目的任何组合进行有意义的成本效益比较，这样的生态计量系统是最有用的。单一目的的项目是不划算的，但是复合型项目，如本章后面讨论的滨海堤坝（Marina Barrage），能够同时创造资源、缓解碳排和适应气候，对城市来说更宝贵，但现在也很难校准它的最大效果。有了生态计量法，则可以在项目的可持续性战略之间进行合理的平衡，避免在非相关问题①上浪费资源。

其次，生态计量体系理想情况下能够评估问题的严重程度和城市的应对能力。我们对纽约市的太阳能容量很感兴趣，所以计算了纽约市屋顶面积的大小、朝向以及它能够接收到的阳光量。在屋顶上安装太阳能板可以提高缓解能力，但这是否会限制建造屋顶绿化（屋顶绿化可以在暴雨时分担下水道系统的负担，从而减轻暴雨的冲击）。如果把城市的屋顶面积给太阳能板，也会影响建造绿色屋顶和生产食物的能力，就像布鲁克林庄园在几栋工业建筑上所做的那种屋顶农庄。那么一个城市的屋顶应该有多大比例用于可持续发展战略？缓解、适应或创造可再生资源由谁来决定呢？自上而下的政府吗？生态计量体系应该给我们一个做出这种选择的评估基础，生态计量法是众筹项目的理想选择。

最后，由于可持续性是一个涉及好几代人的项目，它的目标可能会随着时间发展而发生变化（如海平面上升可能会比目前预期的或高或低），随着时间的推移生态计量体系需要对已取得的相对进展进行及时评估，来回答在每一代人的努力过程中，距离让城市更好、更可持续地传递给下一代这个最终目标又前进了多少。

## 生态计量模型

虽然生态计量法的功能系统目前尚未开发出来，但我相信这样的系统是完全可能实现的。我的乐观来自我们与埃里克·桑德森的合作，这位科学家利用地理信息系统将法医鉴定制图技术和生境生态学技术结合起来，对四百年前的曼哈顿（第一批欧洲人到来之前）建立了一个详细的计算机

---

① 非相关问题，后文为"red herring"，意为与事实不相关的问题。

模型。桑德森已经在一个新项目中应用了类似的技术：曼哈顿生态未来云端模型。我们想知道四百年后曼哈顿岛是什么样子。它会是可持续的吗？桑德森为此建立了一个简单的生物多样性模型。

特别是模型背后的信息结构，让我对生态计量系统的实现产生了希望。桑德森将曼哈顿划分为边长为33英尺（10.0584米）的网格单元。每个单元都允许用户在上面添加色块、输入信息，表达他们希望城市变成的样子。这些云资料被输入一个计算系统，该系统将每个单元（从摩天大楼到森林）的土地使用类型与不同人居住在城市（从最初的莱纳佩印第安人到当代的普通美国人）的生活方式联系在一起。每个变量都链接到一组参数，每个参数都是可搜索的，它们的确定方法也是透明的。从太阳能电池的输出量到宠物的平均生物量，每个概念都有一个对应的维基百科词条，如果需要的话，还可以不断完善它。这里有8000多个参数，它们与50万个单元上的200个变量进行重组，可能会使人混乱，但计算机不会。所有这些都是可跟踪的。除了数据库严谨的特点，桑德森模型的高明之处还在于他利用物种和栖息地之间的相互关系来预测模型生态系统的变化。它被称为"缪尔（Muir）网络图"。桑德森绘制的1609年曼哈顿关系图推演出，当你发现一只河狸的居所时，你还可能发现一条有特定鱼类的溪流和特定的树和昆虫等。他对2409年的曼哈顿用同样的方法来推演，即如果选择在某个单元上建一栋公寓楼，并让特定的一类人居住在这里，就会得到一个特定的生态。通过云端计算，当服务器实时计算每个用户的模型并显示出特定的城市图像以及水、人口、碳和生物多样性的基本生态指标时，结果都是立即可见的。

这个非常聪明的人（桑德森）得到了洛克菲勒基金会的资助，他和一个小团队的研究人员建立了这个生态计量系统的模型。这让我觉得利用一个实用的系统来制定日常的政治、财政和设计决策是完全可以实现的。城市的各种信息是可以融为一体的。

## 5.4 缓解和适应策略的全球实例

城市设计在提高城市韧性方面，正在变得越来越有效。城市设计的目的不仅仅是解决洪水和碳排放的技术问题，还要在过程中提高市民的生活质量。世界各地越来越多的项目正在实现这一目标。一些项目强调社会适应性，一些项目提高了城市在降雨灾害后的恢复能力，一些项目通过使自行车成为可行的替代方案来降低碳排放。这些项目的成本从几乎为零到数十亿美元不等，一些是社区规模的小型项目，另一些则是国家基础设施的一部分。但是，无论是将过去污水横流的场地改造为足球场，还是创造了商务地区的滨水交流场所，都在某种程度上改变了一个城市，提高了公共空间的质量，从而改善了人们的生活。

在下文中，我列举了一些可能性，与其说是最佳实践，不如说是鼓励和引导你在城市中探寻成功范例。新加坡滨海堤坝工程是一项重要的城市设计工程，它成功地将风险转化为回报。这也让我想到了一种新的更具韧性的方法，即减少气候风险的做法实际上可能会切实地带来经济利润。最后，我想谈谈如何做一些类似的事情，使我们自己的社区更具韧性。

## 基贝拉：一个社区尺度的适应性措施

在肯尼亚内罗毕的基贝拉贫民窟，一场大雨就会给这里带来危险。基贝拉有一条沟壑，由于没有市政设施，这里都是垃圾和污水。人们希望雨水能把这些污秽冲走，但雨水反而把垃圾和污水冲得到处都是，甚至淹没了贫民窟的边缘。后来其中的一个社区想出了一个主意：他们收集垃圾进行堆肥并作为肥料出售。出售后有了利润，他们就可以清理沟渠，用铁丝网把碎石固定并砌成一条水道。这里依旧贫穷，依旧有垃圾，但在下雨时，危险小了，水不会泛滥成灾。如果走过石头水道，你会发现一些新的场所，这里不是洪泛区上的一堆污泥，而是一个足球场，球门上光秃秃的，但孩子们非常快乐。这样的社区改造是具有韧性的、有效的，而且还是有趣的。

## 首尔清溪川：适应性措施改变社区

韩国首尔是一个高密度的城市，这里到处是无休止的交通和战后新建的灰色建筑。但是如果去清溪川，你会看到一个完全不同的城市。清溪川地区大部分基础设施已被战后的建筑热潮所掩盖，这条重现生机的河流通过恢复其流域基础设施让这座易受洪水侵袭的城市更好地应对强降雨。60年前，这条河曾是下水道，河道两旁都是棚户区。后来棚屋变成混凝土建筑，下水道上铺设了高速公路，这个项目还原了这些变化。

清溪川这个项目让人感到惊讶——从一条狭窄的小街走出来后，将看到一个开阔的地方，闪闪发光的水面周围是乳白色的石头步道，竹林掩

韩国首尔市中心为恢复
清溪川拆除了高速公
路，如今这条河流使该
地区重振活力
（来源：茱莉亚·K. 巴
斯，2012）

映，孩子们跳过一个个踏脚石。这不是我以前认识的首尔。那些灰色的
建筑去哪了？在清溪川恢复建成后，这些灰色的建筑很快被雷姆·库哈斯
和最优秀的韩国设计师的作品所取代。就好像这条河的美丽正在试图引导
着建筑与城市变得更好。如果沿着河岸坐一会儿，可以看到所有的东西都
被很好地组织在一起：建筑，自然，还有最重要的要素——人。他们在这
个世界上最具商业氛围的城市中，进行商业活动的同时徘徊逗留、探索发
现、并向孩子们指出喷泉细节的精巧之处。

## 汉堡海港城：协调的韧性

德国汉堡海港城的新社区采用了一种极具吸引力的适应策略组合。它坐
落于19世纪码头的旧址上，这里已经无法满足21世纪的航运需求，海港城是
一个新的开发项目，旨在扩展汉堡城市中心区。然而，前码头区经常发生洪

水。潮汐加上北海风暴潮经常会使水位上升23英尺（7.0104米）。所以海港城采用了一种垂直处理的方法。建筑物被抬高，下面是下沉的停车场，当洪水来临时，汽车可以开走。街道必须建在泛洪区以外。新的街道的标高高于洪水线，这样街道的交叉口广场就处在不会被淹的高处。对于滨水建筑物（它们占比很大因为该场地曾是码头用地），这意味着建筑剖面是不对称的。在水的两侧是标高不同的大道，较低的道路通常会被洪水淹没，偶尔会有一家带防洪装置的（如潜艇舱门）咖啡馆，使街道在非封闭期保持活力。较高的街道通向大楼的下层设施层，这里干燥，可以抵御罕见的洪水（因为地势较高），水族馆玻璃和金属防护装置用来防止漂浮的碎片，由于新建街道高于基准洪水位约28英尺（8.5344米），所以不需要特殊防洪设备。

德国汉堡海港城
（来源：亚历山德罗斯·沃什伯恩）

　　要使这些复杂的系统同步工作，就需要进行大量的协调工作，而协调工作需要领导力和集中决策。整个区域都是由一位名叫尤根·布伦斯·贝伦泰格的人领导的公私合作机构建造的，他拥有政治、金融和设计的决策权。布伦斯·贝伦泰格告诉我们，他试着确定基准洪水高程，以便为新建街道设定适当高度并着手建造。作为首席执行官，布朗斯·贝伦泰格意识到学术界关

于避免洪水泛滥的争论可能永远不会结束，他研究了科学家们的各种观点，然后做出了一项决定，即海拔28英尺（8.5344米）才是最安全的高度。第二天推土机就开动了。目前，这些建筑基本上已经完工，而学者们还在争论中。

## 新加坡滨海堤坝：将风险转化为回报

新加坡在城市层面的适应和缓解措施处于世界前列。作为一个城邦国家，新加坡没有可利用的腹地，在土地利用决策上不能有任何误差。城市的每一平方英尺都很重要，有时同一个项目必须实现多个目标，因为土地是新加坡最稀缺的资源。新加坡的每一个重大新项目都经过校准，以应对气候变化期间的三大挑战：支持更多的人口，减少城市碳排放，以及使城市适应极端天气。

每年不仅有更多的人选择生活在新加坡，同时他们希望生活得更好。该市监测生活质量指数，并以改善住房、健康、教育和营养为目标。它也开始监测和改善公共空间品质，明确地将其作为一个提升城市生活质量的子目标。新加坡很重视政府治理在改善气候变化中的作用，在总理办公室设立了国家气候变化秘书处，负责协调适应和缓解气候变化。新加坡已承诺在2020年前将碳排放量减少16%，秘书处正在着手进行这个城市的风险评估，以量化海平面上升、永久性温度变化和降水变化对这座地势低洼的城市的具体威胁。

通过大量的统计数据，新加坡政府已经确定，保护这座城市免受气候

变化影响的最佳方法是与自然合作，而不是与自然对抗，将自然融入城市肌理之中。政府最近任命了一位前公园专员负责该市的市区重建局（市区重建局是政府塑造城市最有力的部门）的工作。处于热带的新加坡，将自然与城市发展相结合，给"混凝土丛林"一词带来了新的解释。

新加坡相信，它在管理城市方面的成功与在环境管理方面的成功息息相关。"管理"才是关键词，而不是像负责处理环境事务的政府机构那样只注重"保护"。新加坡认识到，环境并没有脆弱到必须与所有人类活动隔绝开来。相反，它必须被视为一种可以帮助或者危害人类发展的强大力量。同时，保护城市免受自然灾害的风险，以及保护环境免受人类过度活动的影响，是新加坡的使命。

新加坡可持续发展的新方法的魅力在于，它包含了一项改善公共空间的明确政策。现在环境基础设施和公共空间基础设施已经密切结合，使城市更具可持续性，设计的项目也使城市更加宜居。

最近完成的滨海堤坝公共工程项目，就是这种城市设计新方法的一个例子。对于城市来说，这是应对气候变化的基础设施中至关重要的一部分，但对市民来说，这是他们散步的公园。

当接近滨海堤坝时，你首先感受到的是你并没有注意到它，因为这个项目本身并不引人注意。与胡佛大坝（Hoover Dam）不同，它并不像一个规模宏大且令人敬畏的雕塑。你几乎看不见堤坝。事实上，当你到达时，你正站在它的屋顶上——一个绿色屋顶。小学生们在你身边野餐，你可以在

**新加坡滨海堤坝，一个兼顾公共公园功能的韧性基础设施项目**
（来源：亚历山德罗斯·沃什伯恩）

一个由小径和凉亭环绕的湖泊上欣赏这里壮观的景色。这个湖本身就是一个适应性措施——它是一个更大的供水工程的一部分——它的选址让它可以倒映出市中心的天际线。这种景观只有中央公园能与之媲美，同样能看到高楼倒映在绿树环绕的湖面上。夕阳西下，湖水如玻璃般清澈，恋人漫步在树影中，在水面上的暮色中享受安宁。

如今新加坡最好的景色之一就在这个堤坝上。沿着一条狭窄的小桥散步，像是从一个小岛跳到另一个小岛。这些岛屿实际是抽水泵，而作为野餐场所的主楼实际是泵房，有一个指挥控制中心来操作这些水泵和远处的一系列闸门。从这条小路上，你可以穿过一个庭院，那里周末有集市和美食节，然后沿着一个景观坡道到达绿色屋顶，孩子们在那里放风筝。滨海堤坝看起来就是一个城市公园，而实际上它是一个脉冲网络体系（pulsing network of machinery）。滨海堤坝上的一个博物馆解释了这个工作原理。

当我访问新加坡时，我问市区重建局城市设计部的同事，他们是如何将一个工程基础设施改造得既美观又具有市政功能，作为保护供水的关键基础设施，我本以为会有铁丝网和空墙体结构。我的同事笑着说，事情确实是这样开始的。工程师们来到市区重建局，说他们正在开始修建堤坝——典型的工程师做法就是在新加坡河入口处放置一个大混凝土箱。考虑到项目的重要性，他们希望得到规划部门的批准。我的同事让他们等一等，然后开始勾勒出泵房屋顶如何成为一个集散空间，如何将入海口打造为一个步道。工程师们对草图很感兴趣。如果这有助于加快许可速度，为什么不这样做呢？这些草图现在正在博物馆展出，它们就刻在解释水泵工作原理的玻璃板上。

堤坝降低了风暴潮和海平面上升的后果，从而降低了新加坡的气候变化风险。然而，设计师们做了一些非常明智的举措。他们把风险损失转变为回报，并且用同样的基础设施为城市创造了真正的资产——新的淡水供应。入海口位于一条河流的三角洲，在陆地一侧可以看到源源不断的淡水流入。随着时间推移，通过调节主泵，陆地一侧的淡水可以留下，而海水则被排到闸门外的海洋中。这里为新加坡创造了一个新的淡水湖和饮用水水库。将防御性适应设施（保护城市不受海洋影响）转变为城市新资源（饮用水水库）的创意是资源生产的一个显著实例。

创意并不会止步于水库的使用，它所形成的公园也是城市的一个重要资源。水库已成为一个风景优美的湖泊，它的边缘被植物与景观包围。

堤坝同时也是一个缓解性的工具，它将有助于达到新加坡的碳减排目标。绿色屋顶减少了制冷设施所需的能量；太阳能光伏板为照明提供能量。而且，由于整个设施都是用可回收的建筑材料建造的，所以在建造过程中净排放量相对较少。最后，作为兼具公园功能的基础设施，这里提高了步行性，减少了人们对汽车的依赖性，并增加了高密度城市的宜居性。

城市设计师无法控制工程师，但他们知道如何影响工程师。他们的草图展示了该项目在改善气候变化的同时也改善了市民生活。滨海堤坝让我们看到了一个可持续发展的城市可能的样子，它确实是21世纪城市设计的一部分。但新加坡是个例吗？其他城市能做到吗？

这可能要归结到承受能力的问题。气候变化时代城市设计的财政挑战就是如何利用城市的发展来管理风险。一个城市为了更具韧性而采取的适应措施能带来利润吗？利润（报酬）与风险有关。如果降低了风险，则一定会有回报，因此这样做也会带来更多价值。这就是债券价格与收益率呈反比的原因。在城市发展中有没有类似的策略？我们能否通过适应和缓解措施，不仅避免消极影响，而且还创造积极影响？举个例子，想象一下"打开雨伞"是为了适应突如其来的暴风雨的一种措施。然后再想象一下把伞继续推到郁金香形状，不仅可以防雨，还可以收集雨水。如此举动便是在产生资源。把消极的状态变成了积极的状态；实际上是把风险变成了回报。这就是滨海堤坝对新加坡的影响。资源生成与适应或缓解同时进行的策略所蕴含的创造性是新型城市设计的标志，这种设计可以使城市可持续发展并具有韧性。

将低风险量化为货币价值，会是多少？能否通过一个保险的金融机制，或者一个气候适应衍生品的市场来量化它？如果一方愿意支付保险费用来防止发生水灾，而另一方知道如何建造一个减小发生洪水的后果或概率的项目（从而减少支付保险费的机会），那么是否具备达成交易的条件？也许在这个需要巨大开支开展适应性措施的时期，城市设计不得不把金融手段的设计视作一项与之相关的领域。

## 布鲁克林红钩区：邻里社区的适应措施

"我该怎么办？"范布伦特街的邻居在我一早准备骑车去上班的时候问我。他是一个木匠，他的木工房、他的一切生活来源，都在他的地下室里。在飓风"桑迪"来袭时，地下室被8英尺（2.4384米）的水淹没了。洪

防洪墙作为公园：哥本哈根历史悠久的城墙提供的一个先例
（来源：亚历山德罗斯·沃什伯恩）

水过后5个月，他拿到了一些保险金，更换了机器，以为自己的生活正在恢复正常，然而他却听说联邦政府重新绘制了防洪地图，他将不得不购买强制性的联邦洪水保险。他的保险费从每年400美元涨到10000美元。"我负担不起，即使洪水没有让我破产，保险费也会让我破产"。他又问了一遍"我该怎么办？"

我不知道答案。用强制性的洪水保险来威胁居民，是一种结果，但不是解决办法。这种政策旨在通过处罚来阻止人们在危险的地方盖房，也许它可以阻止人们在防洪堤上建造住所，但它没有考虑社区中的某些居民，他们住的砖房已经有近三百年的历史了。

为了重建我的房屋首层，我已经设计了几个星期。令人沮丧的是，法规在不断变化。几个月前，市长发布了一项行政命令，要求重建工作需要满足更高的设计标准。后来，联邦政府又颁布了一套新标准——《建议基准洪水高程》——但现在传闻这些标准也在改。新的洪水高度几乎比我的首层高出5英尺（1.524米）。我该怎么办？

在布鲁克林红钩区抬升房屋地板高度为下一个百年一遇的风暴做准备
（来源：杰西卡·莱文）

笔者家外的飓风"桑迪"的洪水
（来源：亚历山德罗斯·沃什伯恩）

**红钩区的社区农场**
（来源：亚历山德罗斯·沃什伯恩）

　　　　　　　城市设计的本质——基于纽约在韧性发展上的视角

  我只想以一种更具韧性的方式设计我的房子。下一次洪水来临时，我能够迅速撤离，当我回来的时候，我自己能让我的房子快速复原。因此，我想出了可升降地板的方案，我可以用缆绳连接到新的顶棚横梁上，当疏散命令到来时，我可以把一块块地板拉起来，使其远离洪水的影响，电脑和台灯仍然放在桌子上，所有东西在空中上升了6英尺（1.8288米）的高度。当洪水退去，我回到家里的时候，我可以用水管冲洗底层地板，把地板晾干，然后把桌子降回正常位置。这些应该是行得通的，但建筑规范并不允许这样做。

  我试图了解城市、州和联邦法规，这些法规应该告诉我如何重建，可他们之间都有冲突。保险公司设法不赔偿我的损失。我一直在讨价还价。我很惊讶我要和这么多人打交道，他们来自多个机构、银行、保险公司、承包商以及快速维修人员。所有人都认为应该重建，但每个人都是保守的。问题不在于人，而在于机构和法规的运作。我从未遇到过比小微企业管理局的调停人更友善、更体贴的政府雇员了，还有那个年轻的来自加利福尼亚州的贷款负责人。人们在努力解决问题，但体制在拖后腿。

  我的邻居靠他的木工店维持生计，所以他迫不及待地重建并使木工店

**前景海岸的韧性模型**
（来源：杰弗里·舒梅克）

恢复原貌。法规允许，政策也鼓励，但这当然依旧不能解决问题。我的邻居受到了保险公司的摆布。同时，我也陷入不知所措的境地。陷入这种境地至少给了我思考的时间。我们难道不应该用超越建筑业主的能力去思考吗？我和邻居们所拥有的微薄资源，与下一场风暴的威力相比简直微不足道。难道我们不应该考虑如何共同应对新的气候条件的挑战，集中资源，利用机会，设计我们的社区，使之变得更具韧性吗？如果我们能够这样做，同时还能保留红钩区的邻里特征，那么我们将是成功的。

洪水过后的大部分恢复工作都是在努力地让我们回归家园。我们原来的地方是不安全的。如果在重建社区时，我们既没有降低灾难发生的可能性，也没有减少灾难带来的后果，那么我们的生存风险仍然存在。从长远来看，要么我们的社区作为一个整体向前迈进去应对面临的风险，要么陷入衰败和投资不足的境地，认为政府已经放弃了我们，只能听天由命。我们不得不改变。

在这本书中，我一直坚持认为城市设计的目的是改造城市。城市设计能让我的社区具有韧性吗？虽然高线公园城市设计的成果和过程不是以此为目标，但是它改变了切尔西西区街区。我想知道相同的成果和过程是否可以改变红钩区。

两年前，我们正在建立计算机模型来模拟飓风袭击纽约，我们写了一个脚本来恢复我们的虚拟真实但前景海岸社区（Prospect Shore）。我们把复苏的过程想象成一个快速的转型过程，一个城市设计的过程。在电脑场景中，我们设想将暴风雨中幸存下来的旧砖房用钢筋加固，并融入新的抗飓风建筑结构中。新建建筑的底层将留作零售。其建筑外壳的几何形结构将被优化以承受风力。在前景海岸模型中新建街道和建筑的雨污水将排入一条修复的水道中，在那里，本土植物可以在任何有毒物质到达港口之前将其生物降解。滨水区的工厂将重建，但未来它将与一个滨水公共广场相结合，并利用兼作公园的土质防洪堤的保护，使其免受风暴潮的侵袭。近海区域将形成湿地，港口的一个防洪岛将成为牡蛎的栖息地。在电脑场景中我们想象自己取得了成功。前景海岸在形态上可以更好地应对风暴，更好地融入周边城市。这里将比以前更具可持续性和韧性。

当现实中的红钩区改造方案与计算机模拟的"前景海岸"项目相比较时，我不禁陷入沉思。与恢复有关的一切事务至少要比其他事务复杂三倍。这里不是由某一级政府试图带头，由市、州和联邦机构在内的三级政府发布了相互冲突的规划。实现重建目标不是一个时间框架，而是三个时间框架：一个是我们正在经历的以紧急恢复为目的时间框架，一个是可能持续数年的临时住房和沿海保护的时间框架，一个是建立屏障以抵御百年气候变化的永久性时间框架。我们制定的任何减小洪水影响的规划都需要以三种不同尺度的适应措施分担灾害风险：建筑层面、邻里层面和区域层面。

这里也有一些矛盾和困惑。联邦政府正赶着发布新的防洪地图。在绘制的洪水高度变化的同时，城市试图根据不断变化的数据推进建筑许可。与此同时，私人保险公司正在划定水域3000英尺（914.4米）红线以内的所有社区。如果没有保险，没有抵押贷款，唯一的选择就是联邦保险，但是如果建筑达不到联邦标准，那么保险的费用对大多数人来说就太高了。新的建筑法规可能会禁止首层作为住宅使用。地产价值可能会暴跌。每个人都很紧张。我们正面临一场信任危机：我们认为问题在于，我们没有达成要解决问题的共识。

但这只是一种错觉。恐惧不应与困惑混淆。我们拥有取得成功的工具、产品和实施流程，那就是城市设计。切尔西西区街区的高线公园可以

作为一个样板。我们有资金：仅在我们地区就有超过540亿美元的专项资金。如果设计得当，我们可以通过区划和交通的改变，将公共项目与私人投资联系起来，从而实现韧性目标，提高公共空间质量。是否能使社区具有韧性的同时又保留特色是我们面临的问题。

布鲁克林红钩区过时的联邦应急管理局防洪地图

　　高线项目和切尔西西区特区，是社区进行城市设计过程和成果的成功范例，它们也可应用于红钩区。在红钩区的发展过程中，我们将看到城市设计在政治、金融和设计之间相互交叉的嵌套、迭代过程。我们也将看到，陈述问题、设计答案、实施方案这些相同过程在城市设计的每种规模尺度和每种成果中几乎同时进行。无论是一项计策（例如，支持强化海岸线政策的改变，或为新的韧性建筑制定法规的区划文本），一个规划（例如，一项说明如何在公共事业和私人业主间分担风险和回报的经济研究，或展示每道防御风暴潮防线位置的最终设计），又或是一个实施成果（例如，修建绿道、公园或海堤，或建造第一座既能抵御洪水又能提升社区步行性的韧性建筑），城市设计的每一种成果都在使红钩区更具韧性的过程中发挥着作用。

在红钩区的场景中，我们将看到城市设计的不同成果在何时应该扮演何种角色。我们将发现不同愿景可以重新定义参与城市的客户人群，小到没有多少人的社区现有家庭，大到整个地区的数百万人。他们会将我们未来的成功视为自己社区重生的模板。我们将看到政府部门如何扩大"场地"

**由布鲁克林红钩区的一位居民绘制的风暴潮灾害地图**
（来源：吉姆·麦克马洪）

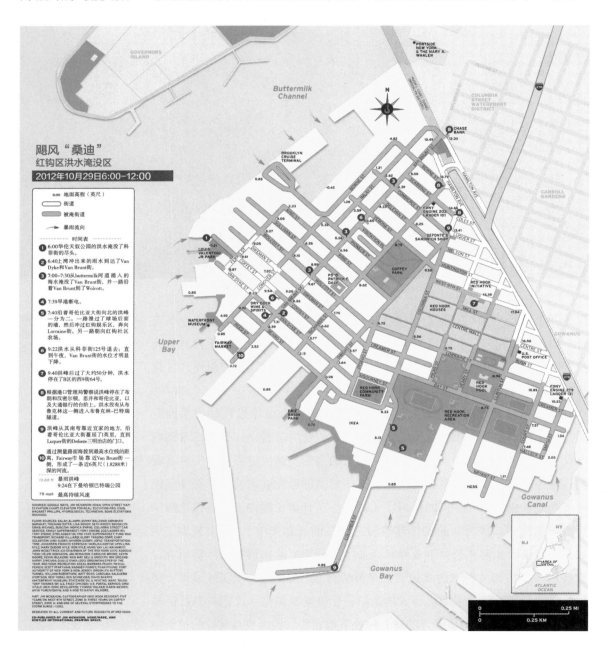

的概念，从我们自己奋力抗洪的联排房屋，到一个由共享公共空间和韧性项目组成的社区，甚至扩大到整个区域系统，每个规模尺度都旨在应对气候变化的特定威胁。我们将看到，如何利用区划或金融手段（如保险、抵押贷款和税收）来积极地支持转型（而非惩罚性手段），使项目从数百万美元的公共改善升级到数十亿美元的私人投资。为了让红钩区在下一场风暴来临之前变得有韧性，城市设计的每个成果都必须作为一个周全且可操作的措施来改变场地和游戏规则，从而使转型得以实现。

## 5.5 城市设计的三大评判

如果我们成功了，纽约历史上三位伟大的城市设计师将会如何评价我们的成就？我称他们为我的三个老板。作为一名城市设计师，除非让他们感到满意，否则我不算成功。所以我问自己，摩西、雅各布斯和奥姆斯特德会怎么看待红钩区的韧性与可持续性的转型？

我认为罗伯特·摩西会很欣赏这种利用降低城市风险所创造的价值来支付适应性措施巨大花费的金融机制。他会对同时发生在三种不同的规模上的转型印象深刻：单个建筑、滨海公园和区域基础设施。他就是这三位大师中的建筑师。

我想，如果我们能在保持街道特色的同时使建筑底层具有抵御洪水的能力，那么一定会令简·雅各布斯印象深刻。这里包括人和建筑、老房子和艺术家、砖房仓库、码头和住房项目的各种奇妙组合，要么被慢慢遗弃，要么将被改造成活力、耐用、宜居、可持续的形态，这主要是取决于行人在街道层面上对它的感知。或许，在过去150年中幸存下来的高大、古老的砖房仓库为未来的韧性化提供了一种可能的建筑形式。如果砖块后面有加固的钢筋混凝土的框架，生锈的拱形金属百叶窗可以换成更结实的百叶窗，首层关闭时防止洪水进入，打开时依旧进行街道活动，街上行人在散步的时候经过艺术家工作室和码头上的仓库时都会向里面看看，那么就可以让这个社区在夏日里充满欢乐与活力。简会评价我们工作的依据是我们是否能增强整个街区的步行体验，同时又保持那些19世纪的小型建筑的多样性（就像我的那栋老联排式住宅）。如果一个巧妙的临时抬高楼板的方法能使底层既活跃又安全，她会赞成这样做的。如果我用一个简单的方法把我维多利亚时代的店面改成停车场，她是一定不会同意的。

布拉格的滨水地面铺
装，包括一些用来固定
防洪墙的锚，这些防洪
墙在21世纪的暴风事件
中能够保护城市的历史
中心
（来源：亚历山德罗斯·
沃什伯恩）

最后，弗雷德里克·劳·奥姆斯特德想看看我们能否将公园建设与自然保护系统相结合。有些人想到了牡蛎养殖场与湿地公园的结合；也有人提到荷兰式的圩区——荷兰调整水位的建设范式；又或者是那种沿着海堤建设的绿道。所有这些场地都必须是对公众开放的，而且必须能降低从风暴中心到内陆建筑的风险。从长远来看，如果这个自然的基础设施不仅可以作为一种催化剂，还可以成为21世纪纽约海岸线上的一条"翡翠项链"，我认为奥姆斯特德会很高兴。

不过，目前我们只研究了问题，还没有做出成绩。关于这个议题，评委是我的家人和邻居，他们每天都在问我，我们这个低洼的沿海地区如何变成一个可持续发展的、可以居住、抚养孩子和维持生意的地方？我的邻居们为了生计从事各种工作，从海洋工具的制作到艺术创意产业。我们有一个邻居制作了一张洪水灾害地图，他所依靠的不是卫星而是他的邻居们。

只是一场风暴就摧毁我们的一切，让一生的投资就像沙滩上的城堡一样脆弱。我们认为这是红钩区的一个本土性问题，但如果能想出一个在这

　　　　城市设计的本质——基于纽约在韧性发展上的视角

里行之有效的方案的话，它可能会走向全球。因为世界上很大一部分人口也生活在像我的社区一样的海拔才不到几米的沿海城市。

我和我的邻居们慢慢意识到我们面临着巨大的挑战：要使政治、金融和设计长期协调，从而改变我们的社区。在使其更具韧性的同时，还要保持社区特征和公共空间质量，这是一个难题。在这种意识中，我的邻居在探索一些新的事情：他们也正在成为城市设计师。

**悉尼港的景色**
（来源：亚历山德罗斯·沃什伯恩）

**中国香港的景色**

（来源：亚历山德罗斯·沃什伯恩）

# 结　语

公民意识（civic virtue）是指有助于城市发展的生活习惯。城市是由城市设计来塑造的，以重新体现每个社会所认为的公民意识。当城市发展在气候变化中的适应性成为我们最重要的挑战时，我们需要适应气候、缓解气候灾害带来的结果并在城市中产生可再生资源。在这种情况下，谨慎、节俭和创造性等简单的人类特征可以被提升为公民意识的角色。公民意识的概念中蕴含着无私性。付出者不是回报者。城市的建设需要很长的时间，所以一代人必须为下一代人的利益而行动。公民的意识必须是持久的。

在古代，文明发现可以通过建筑这一载体来表达公民意识。我们是否会像之前的古希腊人一样，设计出体现"可持续"这一公民意识的建筑？或者说，除了建筑本身，既能表达又能激活这些意识的设计语言会不会成为城市设计？

希腊人肯定已将这一理念烙印在建筑上。想到科林斯柱，你就会不由自主地想到过去宏伟的市政建筑。据说，科林斯柱的发明者是受大自然的启发，从洋槐叶的卷曲中得到灵感。科林斯柱成为罗马万神殿等公共建筑的标准。它的雕刻成本非常高，因此在建筑上使用它，成为建造者公民意识的证明。当有人希望被看作是在为一个城市做善事时，他就会建造一座具有古典建筑风格的建筑。

两千多年来，古典建筑一直是公民意识的代名词，这证明了其持久的力量和普遍的吸引力。早在20世纪初，当联邦政府想向纽约展示它对这座城市的重视时，它就建造了一座不朽的纪念碑来表达古典建筑所代表的公民意识。法利大厦，建于1913年，拥有世界上最长的巨型科林斯柱廊。

尽管我们很欣赏法利大厦的古典建筑，但今天如果要表达公民意识，我们不会选择重现它的柱廊，因为其符号功能已经被淡化了。把科林斯柱放在建筑上，已经失去了意义。科林斯柱不再象征着意识、公民或其他方面。建筑学的模式已经发生了转变。如今，公民意识的标志是对自然的关注。追求自然是新的公民意识。

这是21世纪新型城市的愿景：更加生态的城市化。它是建筑与景观的结合，挑战着我们对设计的旧概念。在炮台公园城的一片树林中，你既感觉自己迷失在森林中，又知道这里离华尔街只有几个街区，这时你会觉得自然和城市是一体的。

公民意识的范式已经转向了自然与生态，我们必须改变方向去追随。这确实需要引领。就像两千年前，一位雕塑家将刺槐植物的生物质转化为建筑的模板一样，今天我们必须将建筑的刚性转化为城市的自然适应性。石柱崩塌了，取而代之的是不断生长的茎秆。绿色的网络象征着社区，而过去的建筑不再能做到这一点。城市设计的核心是营造新的公共空间，这些新的公共空间通常是从汽车主导的空间中解放出来的。它们为行人提供城市家具，并与其所服务的社区相连接。大自然被邀请到这些空间中来，无论是用树叶给场所降温，还是引导空间的雨水，或者仅仅是为了最好地利用阳光。其结果是，即使是最密集的城市也有绿洲。事实证明，各种尺度的自然空间，是将高密度转化为高品质的杀手锏。

## 城市设计的艺术

当我们具备城市设计技术和策略上的成熟能力时，当我们把一块公共区域建设得兼具美貌与实用性时，那就是城市设计可以成为艺术的时刻。

从实用到美丽的飞跃，就是从古朴到古典的飞跃。古代时期是一种艺术形式摸索出技术、树立起志向的时候，就像公元前七世纪的古希腊雕塑家们最初雕刻出刚毅而高贵的雕像一样，向古典雕塑的飞跃是在两百年后，在佩里克勒斯的带领下，它标志着古希腊的艺术成为一种普遍的标准，成为一种文化。

从古朴到古典的飞跃，是一门艺术的成败，是真理变成美、美变成真理的时刻。我认为城市设计的本质就在这个时刻，虽然鉴于城市建设的缓慢酝酿，这个飞跃可能不会在下一代甚至下下一代到来。城市设计作为一门艺术还没有出现。我们正挣扎在一个古老的阶段，在这个阶段，我们提出了正确的问题，设定了我们的愿望，为城市向着美丽和韧性的方向转变做出了最初的崇高尝试。但是，我们连措施体系都还没有建立起来，要想把我们的凿子磨得更锋利，打得更精准，还有很长的路要走。我们处在一个和古希腊相似的时代。

古希腊人给世界提供了一套道德体系，他们把这套体系作为公民的意识在建筑中显现出来。现在我们要问，我们的社会与自然的关系是什么？这个问题因为气候变化而不得不问。城市影响气候，气候也影响城市。如果气候变化威胁到我们的城市，我们必然会通过城市设计来回答这个问题。这不是一个"一生一次"的问题，这是"一个文明一次"的问题。

## 城市的未来

我们的一些认知倾向于把明天的城市与当下割裂，认为它会凭空出现。马斯达尔是一座耗资240亿美元的城市，目前正在阿拉伯联合酋长国阿布扎比和机场之间的沙漠地带建设。它是一个零碳城市，是一个可持续发展的巨大实验，由拥有世界上最大化石燃料集中地之一的政府资助。

但马斯达尔是未来的城市，还是更像1893年芝加哥世界博览会上伯纳姆的白色城市？也许它是一个灵感，一个模型，但它不是一个真实的城市。从北京旁边的天津到首尔周边的三洞，还有很多其他城市在争夺"未来城市"的称号。它们都涉及大量资金、大量规划咨询和大量土地。马斯达尔等这些新城区完全是自上而下的规划。他们将技术视为解决城市不可持续性的答案，而空地则为他们提供了一块净土，他们可以避开过去的错误。

但是，即使在人口满员的情况下，这些全新的城市也只占世界城市增长的一小部分。世界上大部分的增长将发生在数以千计已经建成的城市中，在这些地方，你无法摆脱过去，转变是困难的，不足之处随处可见。

与这些"蓝图"城市相比，存在很多问题的现状城市仍具有一个不可忽略的优势：已经生活在那里的市民。他们渴望改变，他们希望自己的生活变得更好。他们希望自己的城市更宜居、更安全、更公平，有更多机会发挥自己的潜能，并保障子女的未来。他们不一定了解或关心可持续性，他们只是想要更好的生活，这也是他们来到城市的初衷。而如果腐烂的排水管道和危险的街道，或是城市本身、阻碍了他们的发展，那么城市本身也必须改变。

欲望带来改变，改变带来机遇。一个没有欲望的城市是一个停滞不前的城市，无论好坏都不会有变化。但在一个有宜居欲望的城市里，就有了可持续发展的机会。让一个城市变得宜居，在这个过程中，它就能变得可持续。认识到提高市民生活质量的愿望，就会打开改变的大门。如果我们作为市民和城市设计师能够塑造这种变化，使我们的城市可持续发展，我们将完成一项伟大的事业。从我们的家庭到我们的地球，每个人都将受益。我只想强调，这个过程始于自下而上的让生活更美好的愿望，而后是自上而下的对如何实现这一愿望的技术理解。但我们不能只在沙漠中建一个马斯达尔，就以为问题已经解决了。

虽然生活在城市里的人们非常渴望改变，但他们很少有工具来引导这种改变。如果这些人能够学习城市设计和城市建设的基本知识，从而找到一个可以参与改变城市系统的地方，他们就会把城市改变得更好。当谈到用科技打造未来城市时，我宁愿贫民窟里有社交媒体和智能手机，而不是马斯达尔有太阳能电池。当人们与邻居和领导有交流时，感到自己的声音被听到，感觉城市可以按照他们的意图进行改造时（无论规模大小，从区域基础设施到社区种植），对现状的不甘心就会迅速变成公民想要改善的决心。如果你想看到城市的未来，不要去马斯达尔，应该去圣保罗的贫民窟，看着站在垃圾堆上的孩子的眼睛。那里是想要改变的原动力，而垃圾堆就是明天的城市。

作为一个设计师，我可以猜测未来的城市会是什么样子。我希望每一座城市都是宜居的、可持续发展的、与其他城市不同的。我希望每个街区都能在当地设计师的带领下，变得更有韧性，同时保留并发扬当地独有的特色与文化，让城市变得多样化。

我希望这本书能够作为一个框架，一方面引导全球范围内实现生态目标，另一方面指导每个具体的城市设计项目来满足公民需求。没有唯一的设计答案，但有共同的人类价值观和相同的人体比例，可以帮助我们梳理出方案。我相信这些价值的核心是谨慎、节俭和创造力，但每个城市的社会和审美文化会对它们有不同的诠释。本质上，这些价值观其实不过是提醒我们，要像爱护家人一样爱护你的邻里，捍卫它，并为每一代接班人更好地改变它。

如果我们坚持这些价值观并采取行动，它们就会上升到公民意识的高度。我相信，人类有一种与生俱来的欲望，就是希望把事情变得更好，而对于世界上许多公民来说，他们却无力改变周围的环境。不管是太多物质财富导致的空虚，还是贫穷的限制，其影响都是一样的：对改变事物的无能为力，对城市真实可塑性带来的挫败感。我愿意认为，城市设计的变革力量能够打破现状，并在没有公民意识的地方为其提供诞生的机会。而在那些公民意识滋生的地方，城市设计将把这些意识转化为我们周围城市形态。我们塑造着我们的城市，而我们的城市也塑造着我们。

**曼哈顿亨格：夕阳每年两次与城市的街道网格对齐**
（来源：亚历山德罗斯·沃什伯恩）

# 尾 注

导言

1　理查德·多布斯、斯文·斯密特、贾娜 Remes、James Manyika、
　　Charles Roxburgh 和 Alejandra Restrepo，"城市世界：绘制城市经济力
　　量图"，麦肯锡全球研究院，2011 年 3 月。

2　Jinjun Xue 和 Wenshu Gao，"中国城乡收入差距有多大？"。

3　印度统计数据。

4　Nate Berg，"美国城市人口增加。但'城市'的真正含义是什么？"，
　　大西洋城市，2012 年 3 月 26 日。

5　美国交通部联邦公路管理局，德怀特·D.艾森豪威尔州际公路和国
　　防公路国家系统。

第 1 章：我们为什么应该关心城市？

1　纽约市气候变化专门委员会，"气候风险信息"，2009 年 2 月 17 日。

2　What If New York City，城市灾后住房原型项目。

3　布鲁克林农庄。

4　Eric Sanderson，Mannahatta：纽约市的自然历史（纽约：Abrams，
　　2009）。

5　联邦作家项目，WPA 纽约市指南：1930 年代纽约联邦作家项目指南
　　（纽约：新出版社，1995 年）。

第 2 章：城市设计的过程

1　Carol Burns 和 Andrea Kahn，"简介"，《场地的重要性》，Burns 和
　　Kahn，编辑。（伦敦：Routledge，2005 年），xii。我用"影响"来指
　　代最大的尺度，因为影响是分散的，难以衡量。我使用"效果"来

　城市设计的本质——基于纽约在韧性发展上的视角

指代中间尺度，因为效果应该是可测量的并且可以映射到其原因。

2　垂直农场。

3　Nikos Salingaros，《城市结构原理》（阿姆斯特丹：Techne Press，2005 年），p.227.

## 第 3 章：城市设计的成果

1　Chris Rado 和 Uttam Berra，"重塑 1961 年纽约市分区"，ESRI 用户会议论文集，2012 年。

2　E. Larson，《白城恶魔》（兰登书屋，2004 年）。

3　Charles Moore，Charles Follen McKim 的生平与时代（Houghton Mif FL in Co.，1929 年）。

4　Simon Romero，"麦德林的不墨守成规的市长将枯萎变成美丽"，纽约时报，2007 年 7 月 15 日。

5　Kayden，Jerold S. 和纽约市城市规划局和纽约市艺术协会。私有公共空间：纽约市体验。纽约：约翰威利，2000 年。

## 第 4 章：高线公园的设计过程与成果

1　Albert Amateau，"High Line 汇总数字;游客突破 200 万大关"，《村民》，2010 年 4 月 7 日至 13 日，第 79 刊，第 44 号。

2　高线博客，"2012 年照片中的高线"，2012 年 12 月 27 日。

3　"建筑师让·努维尔在曼哈顿西区的'视觉机器'开始施工"，2007 年 4 月 8 日。

4　David Sokol，"HL23：High Line 为 Neil Denari 举办了首创"，Architectural Record，2008 年 4 月。

5　"第 11 街 100 号"，建筑记录。

6　Alexander Walter，"HL23 将于 6 月 1 日开放"，Archinect，2011 年 3 月 9 日。

## 第 5 章：更具韧性的城市设计

1　IPCC，核心写作团队，RK Pachauri 和 A. Reisinger，编辑，"2007 年气候变化：综合报告。Ⅰ、Ⅱ和Ⅲ工作组对政府间气候变化专门委员会第四次评估报告的贡献"（瑞士日内瓦：IPCC）。

2 Christopher Leinberger,《都市主义的选择》(华盛顿特区：Island Press，2007 年)。

3 Shlomo Angel，与 Jason Parent、Daniel L. Civco 和 Alejandro M. Blei，"为城市星球腾出空间"(马萨诸塞州剑桥：林肯土地政策研究所，2011 年)。

4 Projjal Dutta，纽约州大都会交通管理局，乘坐地铁前往哥本哈根——交通对全球温室气体减排的重要性。

5 妇女是英雄，巴西。

6 Eric Klinenberg，《热浪：芝加哥灾难的社会剖析》(芝加哥：芝加哥大学出版社，2002 年)。

# 重点词汇翻译说明

Transformation：

  作者多次提到"transformation"，认为城市设计必须是一种"transformation"，否则就不应该称之为城市设计，简单的重复或者依据某个规范的设计不是城市设计。在本书翻译时将"transformation"译为"变革"。对比牛津辞典的英英释义，"transformation"意为"a complete change"，是一种彻底或重大的转变、改革。比如高线公园建设给整个切尔西西区带来的改变就可以称之为"transformation"。在翻译时，将"transformation"译为"改造"则无法突出这种革命性的效果，译为"转型"又过分强调了发展方式的转变。

Neighborhood：

  在美国规划体系中，社区（neighborhood）是重要的基层单元，在本书中多次提及。在本次翻译时将"neighborhood"译为"社区"，而不是"邻里"，突出其基层单元作用。如书中作者的居住地红钩区就是布鲁克林6号住区（community），6号住区一共有6个社区。但美国规划体系中的社区比我国社区规模大，类似我国街区的概念，是设计项目公众参与的重要基层团体。

Pattern：

  "Pattern"的英英释义为"the regular way in which something happens or is done"，意为一种常规的做法。在本书第2章中，"Pattern"译为"模式"，从而展现在城市设计中"建立模式，着手复制，发现缺陷"的实际循环。

## Rules，Plan，Project：

在本书第3章中，作者提到城市设计的成果包括"rules、plan、project"。在翻译过程中译为"规则、规划、实施项目"。"rules"是规则的统称，所谓规则包括地方法规、政策规定、标准、准则等，如"code"在牛津英英释义中为"a set of moral rules"，意为将规则集合在一起。"code"参照既往图书翻译本书中也译为准则。"plan"看似翻译为规划没有问题，但实际上在城市设计中的"plan"有包括除规划之外的其他含义，根据牛津英英释义，"plan"一词根据语境在本书中还被译为"提案"（something that you intend to do）、"规划"（a set of things to do in order to achieve something）、"方案"（a diagram that shows how something will be arranged）。

## Parcel，Lot，Land：

书中关于用地有几种不同的表达，"parcel"更强调地产开发中的用地，有可能是区划分割的几块用地，而"lot"则指区划分割的用地，"land"则指土地。

## Civic Virtue：

书中最后提到"civic virtue"直译为公民美德，"virtue"在牛津英英释义中为"behavior or attitudes that show high moral standards"，也就是一种更高的意识，因此本书翻译为公民意识，更能表达作者希望在全民中建立起来的价值观。

著作权合同登记图字：01-2021-1407 号

图书在版编目（CIP）数据

　　城市设计的本质：基于纽约在韧性发展上的视角 /
（美）亚历山德罗斯·沃什伯恩著；何凌华等译 . —北
京：中国建筑工业出版社，2022.12
　　书名原文：THE NATURE OF URBAN DESIGN　A New
York Perspective on Resilience
　　ISBN 978-7-112-28249-4

　　Ⅰ.①城… 　Ⅱ.①亚… ②何… 　Ⅲ.①城市规划—建
筑设计—研究—纽约 　Ⅳ.① TU984.712

　　中国版本图书馆 CIP 数据核字（2022）第 240398 号

责任编辑：李玲洁　姚丹宁
责任校对：王　烨

**城市设计的本质**
——基于纽约在韧性发展上的视角
THE NATURE OF URBAN DESIGN
A New York Perspective on Resilience
[美] 亚历山德罗斯·沃什伯恩　著
何凌华　陈振羽　杨凌艺　王　煌　刘禹汐　钟楚雄　等译

\*

中国建筑工业出版社出版、发行（北京海淀三里河路 9 号）
各地新华书店、建筑书店经销
北京雅盈中佳图文设计公司制版
北京中科印刷有限公司印刷
\*

开本：787 毫米 ×1092 毫米　1/16　印张：14　字数：235 千字
2023 年 8 月第一版　2023 年 8 月第一次印刷
定价：**168.00** 元
ISBN 978-7-112-28249-4
　　（40068）